高等院校动画与数字媒体专业系列教材

省级一流课程配套教材

Premiere

影视剪辑制作　第二版

王　威　著

化学工业出版社

·北京·

内容简介

本书以培养新时代应用型人才为目标，采用项目实践的形式，对Adobe Premiere影视剪辑制作进行了全面系统的讲解。全书共分9章：影视作品概述、Premiere基本剪辑流程、Premiere素材的导入与处理、Premiere剪辑与制作、Premiere调色和特效、Premiere关键帧动画、Premiere声音处理和字幕添加、Premiere转场与合成、影视作品综合案例实战。

本书通过35个精选案例，包括时下热门的抖音竖屏短视频、vlog旅行日记、淘宝商品广告、商业宣传片等，生动详解了Premiere在视频制作中的核心技术和创作方法。内容涵盖：影视剪辑的基本规则与流程、镜头语言的运用技巧、多素材混合剪辑的方法、专业级调色与特效制作、关键帧动画设计、音频处理与字幕添加、高级转场与合成技术等。每个案例均配有分步骤操作指南，以帮助读者快速掌握剪辑精髓，并能将其灵活运用于实际创作中。本书附赠丰富的学习资源，包括全套的教学课件PPT、教学大纲、35个案例成片和相关制作素材、4K高清素材包、专业调色LUT预设模板、动态图形模板等，读者可扫描书中二维码或登录化学工业出版社官网、化工教育网获取。

本书可作为高等院校影视动画、影视编导、广告学、新闻学、数字媒体艺术、视觉传达设计等专业的教学用书，也可作为相关机构的培训用书、视频制作爱好者及相关从业者的自学教程。

图书在版编目（CIP）数据

Premiere影视剪辑制作 / 王威著. -- 2版. -- 北京：化学工业出版社，2025. 9. --（高等院校动画与数字媒体专业系列教材）（省级一流课程配套教材）. -- ISBN 978-7-122-48808-4

Ⅰ. TN94

中国国家版本馆CIP数据核字第2025BT0635号

责任编辑：张　阳　　文字编辑：蒋　潇　　装帧设计：张　辉
责任校对：王鹏飞　　　　　　　　　　　　版式设计：梧桐影

出版发行：化学工业出版社
　　　　　（北京市东城区青年湖南街13号　邮政编码100011）
印　　装：北京宝隆世纪印刷有限公司
787mm×1092mm　1/16　印张11¾　字数323千字
2025年11月北京第2版第1次印刷

购书咨询：010-64518888　　　　　售后服务：010-64518899
网　　址：http://www.cip.com.cn
凡购买本书，如有缺损质量问题，本社销售中心负责调换。

定　　价：69.80元　　　　　　　　　版权所有　违者必究

PREFACE 前言

在数字化浪潮席卷全球的今天，影视剪辑已成为内容创作的核心技能之一。无论是院线电影、网络剧集、商业广告，还是短视频、vlog、社交媒体内容，优质的剪辑都能让作品脱颖而出。随着4K/8K超高清视频、HDR调色、AI辅助剪辑等技术的普及，剪辑工具的功能日益强大，同时也对从业者提出了更高的要求。掌握专业的剪辑思维与技术，已成为影视创作者、自媒体人、广告从业者乃至普通爱好者的必备能力。

本书以Adobe Premiere为主要工具，结合行业实际需求，通过丰富的案例和翔实的操作步骤，帮助读者从入门到精通，逐步掌握影视剪辑的核心技能。本书内容涵盖剪辑基础、素材处理、调色特效、关键帧动画、声音处理、字幕添加、转场合成以及综合实战等多个模块，力求为读者打造一站式学习解决方案。

与第一版相比，本版新增了AI工具辅助剪辑，强化AI辅助剪辑技术，包括智能语音转字幕、AI降噪等高效工具，并加入了动态图形模板、高级合成技术等前沿内容，助力于提升作品质量。新版对案例进行了全面更新，新增竖屏视频全流程制作，适配抖音、快手等短视频平台需求；扩充实战案例类型，新增产品广告、微电影预告片等商业项目；全部案例所应用的软件版本更新至最新版，涵盖最新功能与工作流程，确保读者能学习到最前沿的行业实践知识。

本书的内容特点与功能如下：

1. 适用于应用型人才培养

本书采用分阶段、分步骤、递进式的教学方法，引导读者逐步掌握影视剪辑制作的全流程技能。书中设置了大量实际案例，包括MTV剪辑、旅行短视频、美食短视频、广告片调色、片头动画等，每个案例均配有详细的操作解析，真正实现"教学做"一体化。通过理论与实践的结合，读者能够快速将所学知识应用于实际工作中。

2. 体例明晰，便于教学与自学

各章开头设有明确的学习目标，包括知识目标、能力目标和素质目标，帮助读者明确学习方向；章节末尾配有本章小结和课后拓展，便于读者巩固所学内容、提升学习效果。此外，本书语言简洁明了，操作步骤清晰，适合课堂教学与自学使用。

3. 案例典型，可操作性强

本书中的所有案例均经过精心设计，紧密结合行业实际需求。例如，在"Premiere调色和特效"章节中，通过自然风光调色、黑金色调城市夜景、灰片调色对比动画特效等案例，帮助读者掌握高级调色技巧；在"Premiere关键帧动画"章节中，通过分屏片头动画、希区柯克变焦动画、UI动画等案例，让读者学会如何制作动态效果。这些案例不仅具有代表性，还具有很强的可操作性，读者可以通过实践快速提升技能。

4. 配套资源丰富，学习更高效

本书提供丰富的配套资源，包括视频教程、案例源文件、素材等，读者可通过扫描书中二维码或登录化学工业出版社官网免费下载。此外，本书还配有完整的教学课件和大纲，方便教师开展教学活动。这些资源为读者提供了多样化的学习支持，有助于读者随时随地提升技能。

5. 紧跟技术发展，覆盖多领域应用

本书不仅介绍了Premiere的基础操作，还涵盖了AI工具辅助剪辑（语音转字幕/智能修音等）、音频处理（如Adobe Audition降噪）、插件使用（如转场插件）、合成技术（如绿屏抠像）等高级内容。同时，书中案例涉及短视频、广告、教程视频、商业项目等多个领域，能够满足不同读者的学习需求。

本书适合以下人群阅读：

高等院校影视制作、数字媒体、广告设计等相关专业的学生；

影视剪辑、广告制作、自媒体运营等领域的从业人员；

影视剪辑爱好者以及希望系统学习Premiere的初学者。

本书的编写得到了化学工业出版社的大力支持，同时感谢郑州轻工业大学艺术设计学院的师生在案例测试和内容优化中提供的宝贵意见。

希望本书能够帮助读者掌握影视剪辑的核心技能，在数字媒体的浪潮中抓住机遇，创作出更多优秀的作品。

王威

2025年5月

CONTENTS 目录

第1章

影视作品概述

- **知识目标** 了解影视作品的发展历史和具体制作流程

- **能力目标** 具备较高的美学艺术修养和较强的欣赏能力
  具备准确收集和判断信息的能力
  具有一定的影视作品前期设计、制作和统筹规划的能力

- **素质目标** 主动了解中国影视作品的发展趋势，树立文化自信
  明确个人未来发展方向和学习目标
  养成严谨的学习和工作态度，具有较强的创新意识

- **学习重点** 明确视频的基本概念和规格要求
  了解图片、短视频和长视频各自的优势
  熟悉影视作品的创作和制作流程

- **学习难点** 准确并完整地理解影视作品的制作流程

自互联网时代开启以来，大致可以划分为以下三个时期。

以文字为主的 2G 时代：以博客（blog）、微博、推特（Twitter）为代表，创作者主要以文字为载体进行创作，供读者阅读，这是因为 2G 网速较慢，只能流畅加载文字内容。

以图片为主的 3G 时代：以微信朋友圈、Instagram 为代表，创作者常采用拍摄照片、绘制图像等形式，将图片上传，供网友们观看。此时 3G 网络的网速已经可以支持流畅地加载图片。

以短视频为主的 4G 时代：以抖音、快手、bilibili（B 站）为代表，创作者将自己拍摄、剪辑、制作完成的短视频上传，供网友们观看。此时的短视频以一两分钟甚至十几秒的时长为主，用于满足人们在碎片化时间对娱乐的需求。此时的 4G 网络已经足够支撑视频文件的加载，能使人们能流畅地观看短视频。

随着互联网技术的不断进步，网络速度也在不断提升，当视频文件的大小不再是问题时，高清视频、长视频时代就到来了。当视频作品再一次迎来发展高峰时，身处其中的我们，该如何迎合这次发展，进入视频制作这个行业呢？

1.1 ▶ 影视作品的发展历史和规格要求

视频（video）泛指将一系列静态影像以电信号的方式加以捕捉、记录、处理、储存、传输与重现的各种技术。

1824 年，皮特·马克·罗杰特（Peter Mark Roget）发现了重要的"视觉暂留"（persistence of vision）原理，这是所有视频作品最原始的理论依据。

眼睛在看到一个图像的时候，该图像不会马上在大脑中消失，而是会短暂地停留一下，这种残留的视觉被称为"后像"，这一视觉现象则被称为"视觉暂留"。

图像在大脑中"暂留"的时间大概为1/24秒，也就是说，一部视频作品，每秒至少需要播放24张图，才能让观看者感觉画面是流畅的。

根据视觉暂留原理，当连续的图像变化每秒超过24帧（frame）画面时，人眼便无法辨别单幅的静态画面，画面看上去是平滑、连续的，这样连续的画面就称为视频。视频技术最早是为电视系统而设计的，现在已经发展出多种不同的格式，方便用户将动态画面内容记录下来。网络技术的发展也使得视频内容能以串流媒体的形式存在于互联网上，并可以被电脑接收与播放。

1895年12月28日，在法国巴黎卡普辛路14号的大咖啡馆地下室，卢米埃尔兄弟❶首次公开放映了《火车进站》等影片，这标志着电影艺术的诞生（图1-1）。

图1-1　卢米埃尔兄弟和《火车进站》电影

帧（frame）是影像作品中最小单位的单幅影像画面，相当于电影胶片上的每一格镜头。一帧就是一幅静止的画面，连续的帧会形成动态影像，也就是视频。通常所说的帧数或帧频，就是指在1秒内显示的图片的数量，也可以理解为图形处理器每秒钟能够刷新几次，通常用fps（frames per second）表示，也被译为"每秒帧数"或"帧速率"。每一帧都是静止的图像，快速连续地显示帧就能够形成运动的假象。较高的帧速率可以得到更流畅、更逼真的动画效果。每秒帧数越多，所显示的动态画面就会越流畅。

像素（pixel）是数字影像中最小的组成单位，它是以一个单一颜色的小格的形式存在的。对于一部影视作品来说，像素的多少决定着画面的清晰度。画面的总像素越多，画面也就越清晰。

随着网络带宽的增加以及视频压缩技术的进步，高清晰度的视频格式越来越流行，比较常见的有720p和1080p两种标准。达到720p以上分辨率的视频，是高清信号源的准入门槛，因此720p标准也被称为HD（高清）标准，而1080p则被称为Full HD（全高清）标准。

对于视频作品来说，常用的规格设置分为宽屏和竖屏两种。

---

❶ 卢米埃尔兄弟，法国人，哥哥是奥古斯塔·卢米埃尔（Auguste Lumière，1862年10月19日—1954年4月10日），弟弟是路易斯·卢米埃尔（Louis Lumière，1864年10月5日—1948年6月6日），他们是电影和电影放映机的发明人。

宽屏视频主要用于宣传片、广告片，以及 B 站、腾讯视频、优酷视频等电脑、电视端平台中，具体的规格设置如下。

720p：画面分辨率为 1280 像素 ×720 像素，帧速率通常为 25 帧 / 秒或 30 帧 / 秒。

1080p：画面分辨率为 1920 像素 ×1080 像素，帧速率通常为 25 帧 / 秒或 30 帧 / 秒。

竖屏视频主要用于抖音、快手等手机端 App，具体的规格设置如下。

720p：画面分辨率为 720 像素 ×1280 像素，帧速率通常为 25 帧 / 秒或 30 帧 / 秒。

1080p：画面分辨率为 1080 像素 ×1920 像素，帧速率通常为 25 帧 / 秒或 30 帧 / 秒。

近期，4K 甚至 8K 的视频也开始出现，并进行了商业化的尝试。2018 年 10 月，中央广播电视总台 4K 超高清频道开播。2021 年，首届创维 8K 视频高校团队邀请赛拉开了帷幕，8K 视频开始走入公众视野。

4K：画面分辨率为 3840 像素 ×2160 像素，帧速率通常为 25 帧 / 秒或 30 帧 / 秒。

8K：画面分辨率为 7680 像素 ×4320 像素，帧速率通常为 25 帧 / 秒或 30 帧 / 秒。

1.2 ▶ 影视作品的应用领域

学会了影视剪辑制作以后能做什么呢？图 1-2 中列出了几种常用的应用领域。

图 1-2　影视作品的应用领域

（1）短视频

短视频是视频短片的简称，时长一般在 5 分钟以内，从几秒到几分钟不等，是在各种新媒体平台上播放的、适合在移动状态和短时休闲状态下观看的、高频推送的视频内容。短视频内容融合了技能分享、幽默搞怪、时尚潮流、社会热点、街头采访、公益教育、广告创意、商业定制等主题。由于其内容较短，因此既可以单独成片，也可以成为系列栏目。

作为一个极具前景的风口，短视频行业的规模将越来越大。中国网络视听协会发布的《中国网络视听发展研究报告（2025）主要发现》显示，截至 2024 年 12 月，我国短视频用户规模为 10.4 亿人，使用率达 93.8%，连续 6 年保持网络视听应用细分领域第一。短视频应用人均单日使用时长达 156 分钟，居所有互联网应用首位，同比增长 3.1%。

短视频制作不同于微电影和直播，它并不像微电影一样具有特定的表达形式和团队配置要求，具有生产流程简单、制作门槛低、参与性强等特点，同时又比直播更具传播价值。短视频有很多种表现形式。《中国网络视听发展研究报告（2025）主要发现》显示，在观众经常收看的短视频类型中，幽默搞笑、美食、新闻、生活日常和音乐占据了前五的位置（图 1-3）。

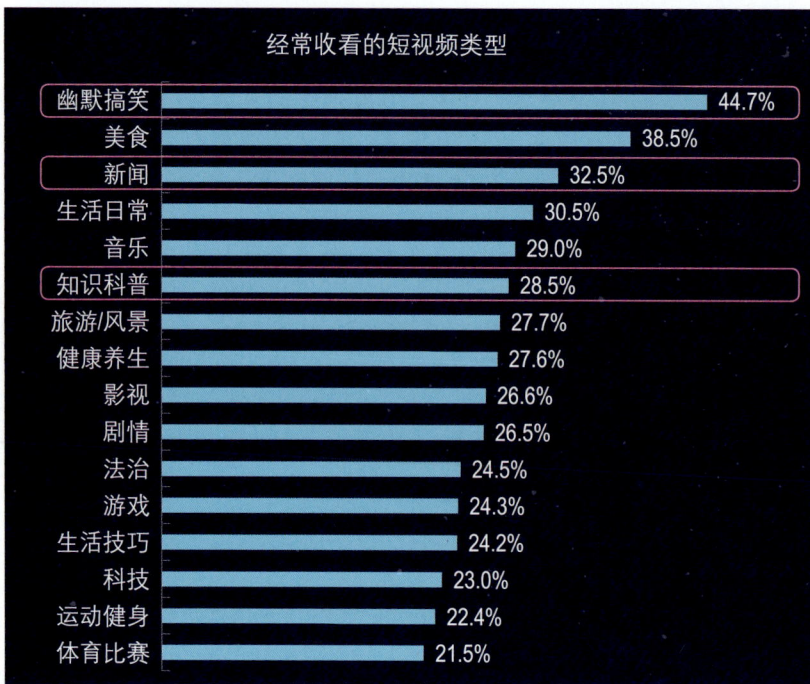

图 1-3   观众经常收看的短视频类型排行

（2）vlog

vlog 是 video weblog 或 video blog 的简称，源于"blog"的变体，意思是"视频博客"，也称为"视频网络日志"，是博客的一种类型。vlog 作者以动态影像代替文字或照片，制作自己的视频网络日志，上传到相应平台与网友分享。其主题非常广泛，可以是参加大型活动的记录，也可以是日常生活琐事的集合。相对于短视频，vlog 更倾向于记录非虚构的、个人的日常生活，也可以理解为用视频形式记录的个人日记。

随着网络媒体的兴起，很多电视台、广播电台、报纸、杂志等传统媒体纷纷开始转型，而 vlog 就是转型的一个重要方向。2017 年 3 月，郑州报业集团创立了"冬呱视频"，其作为集团旗下的视听品牌，依托集团的采访资源，专注于生产"社会纪实"的原创视频。

图 1-4   新闻 vlog 作品

2019 年 9 月初，中华人民共和国第十一届少数民族传统体育运动会在郑州举行。在集团下达了采访任务后，"冬呱视频"的团队经过讨论，认为其他所有媒体都是使用传统手段进行采访和报道，如果想别出心裁，就需要有完全不一样的形式，最终团队决定以 vlog 的形式进行报道。这是一次极为大胆的尝试，需要团队中的一名成员出镜，以个人的视角去拍摄这次开幕式。全片以"LOOK君"一天的所见所闻为主线，从早上起床，到与单位的同事一起出发，再到和场外候场演员的交流，一直到开幕式现场，进行了全方位的拍摄。最终完成的新闻vlog作品在网上发布后，取得了很好的反响（图1-4）。

（3）生活、工作记录

日常生活中有很多值得记录的瞬间，例如旅行、健身、亲子活动等，拍摄下来以后，只需将视频导入电脑中进行剪辑制作，就能使其成为珍贵的回忆。

在工作中，也会有很多需要去记录的事情，拍摄后制作成团建、会议、活动记录，并发布在企业的公众号、微博等新媒体上，能够体现自己的工作成果。

笔者之前和几个朋友一起成立了一个小团队，主要记录自己制作美食的日常。中国人讲究"民以食为天"，这种主题的视频受众面广，只需要一个房间、一张桌子、几个道具、一两个人就可以完成，操作性比较强，也比较容易制作出优质、吸引人的作品。之前笔者制作的一部名为《懒人必备，一个人也要好好吃饭系列之——勾魂葱油面》的视频，在B站上拿到过"最高全站日排行59名"的好成绩（图1-5）。

图1-5　B站中记录自己制作美食的作品

（4）电商商品展示视频

随着短视频的兴起，各大电商平台也开始纷纷针对商品展示视频推出相应的技术和推广支持。目前，各大品牌都已经在商品展示头图或详情页的位置投放短视频，用动态的形式来展示自己的商品，这样可以让消费者对商品有更加直观的感受，以此提高商品的销量。

以淘宝为例，该平台要求商家展示的短视频必须是实拍的形式，有镜头的切换、运镜，不能全都使用图片进行合成，也不建议制作幻灯片式的视频，并且必须添加合适的背景音乐。现在的淘宝商品展示视频大致可以分为以下两种类型。

①商品型：时长一般为9～30秒，主要是展示单品的外观、功能，这种类型的商品展示视频占绝大多数。

②内容型：时长在 3 分钟以内，是指在展示商品的基础上，加入情景、剧情，甚至演员的短视频，这种短视频因为时长超标，所以不能用于头图展示，多用于商品详情页的展示。

图 1-6 是笔者为一款棉签商品制作的展示视频。

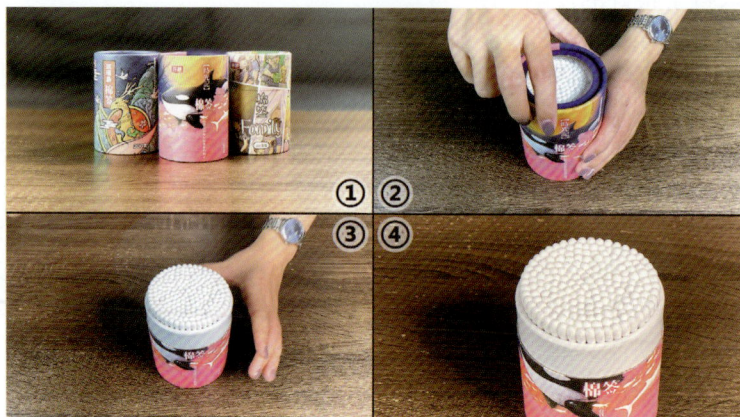

图 1-6　棉签商品展示视频

（5）企业宣传片、广告片

采用制作电视、电影的表现手法，对企业内部的各个层面进行有重点、有针对性、有秩序的策划、拍摄、录音、剪辑、配音、配乐、合成、输出，最终制作出的成片，即为企业宣传片、广告片，制作目的是生动形象地展现企业独特的风格面貌，彰显企业实力。企业宣传片、广告片能非常有效地把企业形象提升到一个新的层次，更好地把企业的产品和服务展示给大众，也能非常详细地介绍产品的功能、用途、优点及其与其他产品的不同之处，诠释企业的文化理念。所以，宣传片、广告片已经成为企业必不可少的形象宣传工具之一，目前，其已广泛运用于展会招商、特约加盟、品牌推广、学校招生、景点推介、酒店宣传、商品使用说明、房产招商和销售等多个领域中。通过媒体，将宣传片、广告片向有需求的目标受众进行推广，能够产生更好的效果。

2018 年底，蔚来汽车连续在开封、洛阳开设体验店，为了配合开店活动，品牌方需要为每一个城市制作一部与蔚来汽车相关的短视频，最终推出了系列宣传片《蔚来汽车·豫城记》，用于宣传推广（图 1-7）。

图 1-7　《蔚来汽车·豫城记》

（6）纪录片、微电影

纪录片、微电影是以纪实为本质，以真实生活为创作素材，以真人真事为表现对象，并经过艺术加工与展现，用真实引发人们思考的电影或电视艺术形式。

很多人学习短视频只是为了增加一个技能，或者是为了记录自己的日常生活和工作。但是对于怀揣着"导演"理想的有志青年来说，短视频只是他们的起点，他们的目标是创作更专业的影视作品，取得更多国内外专业团队的认可和奖项。

纪录片这种形式已被主流电影业所接纳，在世界著名电影奖项"奥斯卡金像奖"中，就设有最佳纪录长片和最佳纪录短片的奖项。此外，国内外其他纪录片类的活动、奖项也非常多。短视频创作者可以将制作纪录片作为努力的目标，一旦能够拿到一些奖项，不仅对于自身是极大的激励，也能提升自己的作品在业界的认可度。

2018年，根据河南省荥阳市汜水镇新沟村一位名叫曹建新的农民的故事拍摄并制作完成的纪录片《羊倌》，获得了第九届中国高等院校影视学会"学院奖"在内的多项大奖，并在业内引起了较大反响（图1-8）。

图1-8　纪录片《羊倌》

1.3 ▶ 影视作品的剪辑制作流程

随着视频观众规模的迅速扩大，影视剪辑制作人才的需求必然会越来越旺盛。在时代的风口上，视频制作的价值正日益凸显。

视频剪辑制作的前期准备工作是甄选素材。一般情况下，需要用到的素材应该比较多，可以将其导入影视剪辑制作软件中进行预览，选中合适的素材后可以将其直接拖拽到时间轴上（图1-9）。

图1-9　影视剪辑制作软件中的剪辑界面

第一步是粗剪（rough cut）。将镜头按照拍摄脚本的顺序，大致摆放在影视剪辑制作软件的时间轴上，形成影片初样。

第二步是寻找适合的背景音乐。也可以根据音乐节奏，对镜头的顺序、连接点进行音乐节奏卡点剪辑。

第三步是精剪（final cut）。精剪是在粗剪的基础上进行的，包括从保证视频镜头流畅性，到镜头的修整，再到音效、背景音乐等一系列的处理，以提高视频质量。精剪完成后，整部短视频就基本完成了。

在剪辑的过程中，一般会考虑制作两个版本，一是上传在传统视频平台的视频版本；二是上传在手机短视频平台的1分钟甚至几十秒的短视频版本。

这两种不同时长的视频，在剪辑节奏上有不同的要求。

1分钟以内的短视频，要求节奏快，在短时间内传递尽可能多的信息，每个镜头平均时长在2秒左右。同时，为吸引年轻观众，可以采用比较酷炫的转场、特效等。

3分钟左右的视频，因为时间相对较长，如果节奏太快，观众长时间盯着屏幕看就会产生视觉眩晕，因此每个镜头平均时长可以在5秒左右，转场也尽量以最简单的交叉转场为主。

在剪辑的过程中，有一个形象的比喻，粗剪就如同构建人的骨架，粗剪完成，整个作品的骨架就搭建好了，而精剪则像是为骨架增添血肉，有血有肉的作品才是完整的。精剪完成后，还需要给作品"穿上衣服"。

给作品"穿衣服"的过程，其实就是对作品进行整体包装设计。

包装的第一步是调色，也就是对画面的颜色进行调节，使整部作品的画面颜色统一。调色的作用，就好像是"用光和影为影视作品补妆"。在影视作品中，优秀的画面色调能最大化地渲染影片的情绪氛围，让观众更顺利地融入影片的情境中。

以美食视频为例，其色调应该偏暖，因为暖色会让观众觉得食物很美味，而如果视频色调偏冷，尤其是偏绿色，会让观众觉得食物变质了，从而失去对视频的兴趣。在视频的局部调色中，可以单独调整画面中的食物，使观众的视觉焦点集中在食物上。图1-10是视频调色前后效果的对比。

图1-10　调色前后效果的对比

如果视频没有解说，那么观众对视频内容的理解就可能不够全面，因此第二步可以为视频添加字幕，图1-11是为视频添加字幕前后效果的对比。

图1-11　添加字幕前后效果的对比

为了提升视频的整体效果，可以为其适当添加一些特效，但不宜过多，毕竟这不是为了展现特技的作品，需要让观众把重心放在作品的主题上。该视频只应用了一个特效，即片尾处将四种不同口味的火鸡面统一展示的效果（图1-12）。

图1-12　特效效果展示

制作完成以后，就可以对整片进行输出了。在目前主流的视频平台中，兼容性最好的就是mp4格式，因此可以在影视剪辑制作软件的导出界面中，将格式设置为H.264，这样渲染出来的视频就是mp4格式（图1-13）。

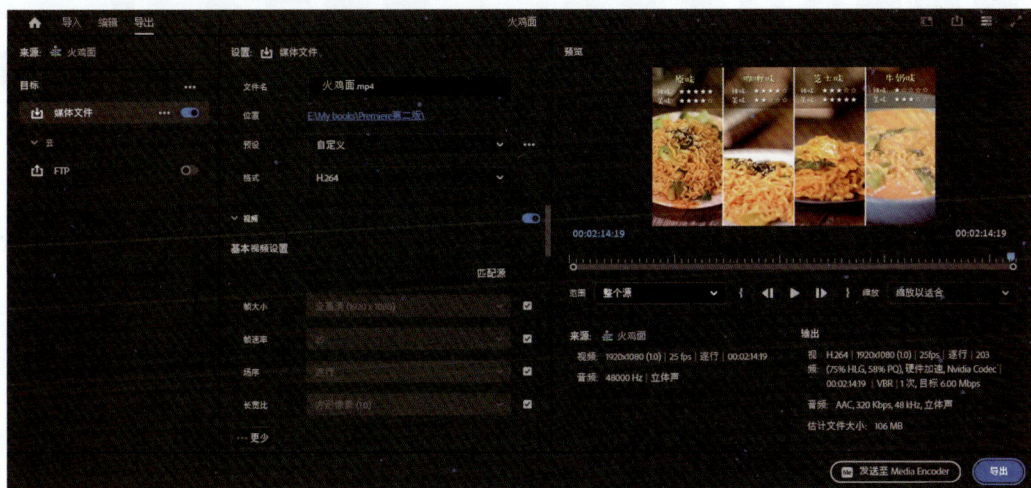

图1-13　影视剪辑制作软件中的导出界面

输出完成以后，就可以在各大视频平台进行发布了。目前国内主流的传统视频平台有腾讯视频、优酷视频、B站等，手机短视频平台主要有抖音、快手、微信视频号、西瓜视频等。

对于传统视频平台，在电脑上即可完成视频上传步骤，但是对于手机短视频平台，则需要先把视频拷贝到手机里，再通过手机上的App完成上传。

为了让创作的视频能被更多人看到、搜索到，可以为其添加一些热门标签，例如"美食""吃货""厨艺""火鸡面"等。发布成功后，也可以请亲朋好友多浏览、转发，这样视频播放量增长以后，视频平台也会将视频推荐给更多观众。

1.4 ▶ 影视剪辑制作者的能力要求

首先，最重要的一点是要具备归纳能力和故事创作能力。

以一部 3 分钟左右的视频为例，一般会有 20 分钟以上的基础素材。如果是拍摄的素材，可能还会出现同一个镜头拍摄了好几遍的情况，其中有一些是拍得不好的镜头，有一些是未达到满意程度但尚可接受，因此暂且保留的镜头。这时就要考虑如何将这些素材拼接在一起，剪辑成 3 分钟左右而且具有一定的逻辑性、故事性的视频。

以前文提到的《蔚来汽车·豫城记》宣传片为例，成片的长度只有 2 分钟有余，而实际拍摄的素材时长多达数小时（图 1-14）。

图 1-14 《蔚来汽车·豫城记》的拍摄素材

其次，要有耐心。

一个视频的制作，往往要耗费数小时甚至数周，如果是商业作品，还可能要根据客户的意见进行反复修改和调整，没有耐心肯定是不行的。

再次，还要有影像叙事和音乐选择能力。

视频作品是通过影像来叙事的。把故事讲清楚，这其实是一种文学素养，会在一定程度上影响作品的艺术表达。

在音乐方面也是如此，要考虑在不同情况下使用哪种音乐才能调动观众的情绪。如果对音乐缺乏敏感度，就会影响视频作品的质量。

最后，还要有一定的节奏把控能力。

把控剪辑节奏，其实就是营造一个有松有紧的过程，需要根据具体的内容来确定。

节奏一般分为内容节奏和画面节奏两种。比如剪辑一部悬疑类的影片，前期在进行大量铺垫的时候，不能一直营造紧张的氛围，也要插入一些平静或者搞笑的内容，让观众有所缓冲，这就属于内容节奏。再如剪辑一场争吵戏，若一直用小景别，会让观众觉得紧张、疲惫，需要在有动作的时候插入中大景别进行过渡，这就属于画面节奏。

一位电影领域的前辈曾说，如果一个视频的节奏感很好，你甚至能感受到视频在呼吸。其实可以想象一下观众看到一部视频时的样子，平淡的时候呼吸均匀，紧张的时候呼吸急促，把观众的感觉代入到视频中，就像是给视频注入了生命。

"工欲善其事，必先利其器。"在进行视频制作之前，要先准备一台配置能达标的电脑。因为在视频制作中经常要使用几十乃至几百 GB 的素材，如果电脑配置过低，会导致制作软件出现卡顿的情况，从而降低工作效率。

在软件方面，要熟练掌握至少一款视频制作软件。目前在国内使用最广泛的软件就是 Adobe Premiere（图 1-15）。

图 1-15　Adobe Premiere 的软件界面

本章小结

　　本章的主要学习任务是对影视作品有一个初步的认识和了解，需要掌握的内容包括影视作品的发展历史和规格要求、影视作品的应用领域和剪辑制作流程，并了解影视剪辑制作者的能力要求。

　　本章对影视作品相关知识的介绍可能尚不足以满足大家的学习需求。建议访问一些相关网站，观看热门的影视作品，以开阔眼界。

课后拓展

　　1. 在学习了本章中影视作品的应用领域方面的知识后，请结合自己的需要，观看一些不同应用领域的影视作品，寻找一个影视作品类型作为自己努力的目标。

　　2. 在初步了解影视作品剪辑制作流程的基础上，找一部自己比较欣赏的影视作品，思考一下该作品的剪辑制作流程。

第2章
Premiere基本剪辑流程

● **知识目标**　了解剪辑软件Premiere的基本剪辑流程

● **能力目标**　具备较高的美学艺术修养和较强的欣赏能力
　　　　　　　具备计算机软件的基本操作能力
　　　　　　　具有一定的影视作品和音乐作品欣赏能力

● **素质目标**　主动了解国内影视制作技术的发展趋势，树立文化自信
　　　　　　　养成严谨的学习和工作态度，具有较强的创新意识

● **学习重点**　Premiere软件的基本视图操作
　　　　　　　Premiere中项目的创建和管理
　　　　　　　在Premiere中剪辑一个视频并输出的整体流程

● **学习难点**　准确并完整地掌握剪辑软件的基本操作流程

　　剪辑，其实就是对视频、图片、音频等素材进行剪切和编辑的过程。

　　在十几年前，剪辑还要依靠专业的设备进行，因为在当时，还需要使用录像带、磁带等实体媒介进行素材的录制和存储，而当各种电子产品的功能越来越全面，并且软件的开发越来越成熟以后，剪辑就开始逐渐数字化，进入"非线性编辑"的时代了。

　　"非线性编辑"是指使用计算机来进行数字化制作，绝大部分工作都在计算机中完成，不再需要使用过多的外部设备，对素材的调用也是实时的，不用反反复复在磁带、录像带等媒介上寻找，突破了按单一的时间顺序进行编辑的限制，可以按各种顺序排列，具有快捷、简便、灵活的特性。在进行非线性编辑时，只要上传一次素材就可以对其进行多次编辑，素材质量始终不会降低，所以，该方式能够大大节省设备和人力，极大地提高制作效率。

　　现在大部分的剪辑工作都可以在电脑甚至手机上，通过影视剪辑制作软件来完成全部流程。

2.1 ▶ 国内主流影视剪辑制作软件

　　经过多年的发展，影视剪辑制作软件也日臻成熟，目前市面上常用的影视剪辑制作软件主要有 Adobe Premiere、DaVinci、Final Cut Pro、剪映（图 2-1）。

　　Adobe Premiere：由 Adobe 公司出品的专业影视剪辑制作软件，简称 Pr。由于国内绝大多数视频制作公司都使用 Adobe 全家桶（一套全面的创意设计软件集合）中的各个软件（图 2-2），Premiere 和 Photoshop、Illustrator、After Effects 等其他 Adobe 软件的兼容性极高，源文件可以通用，使用极为便捷，因此，Premiere 成为国内使用范围最广泛的专业影视剪辑制作软件，其适用于 Windows 和 macOS 系统。

图 2-1 四款常用剪辑软件

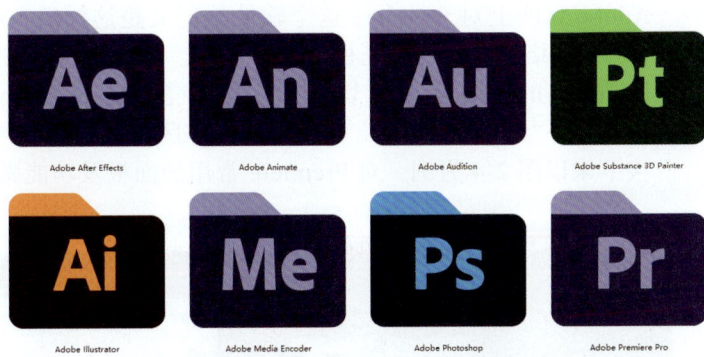

图 2-2 Adobe 旗下的软件

DaVinci： 中文名叫达芬奇，是由 Blackmagic Design 出品的电影级别影视剪辑制作和调色软件，目前国内的很多高端电影级项目或超高清视频制作项目，都会使用达芬奇软件进行调色和剪辑制作，其适用于 Windows 和 macOS 系统。

Final Cut Pro： 简称 FCP，是苹果公司推出的专业影视剪辑制作软件，只适用于苹果公司推出的操作系统，目前在国内只有苹果用户使用，属于较为小众的剪辑软件。

剪映： 由抖音官方出品的一款影视剪辑制作软件，可以在 Windows 和 macOS 系统以及手机等移动端平台使用，目前被普遍应用于短视频的剪辑和制作中。它的优点是易上手，可以在手机上随时随地剪辑制作影视作品，缺点是专业功能不足，无法胜任多轨道、多素材的复杂剪辑和制作任务。

2.2 ▶ Premiere的界面和操作流程

在国内外专业的影视制作团队中，Adobe Premiere 是最常用的剪辑软件之一，这与其开发公司 Adobe 旗下众多设计、视觉、影视、动画软件在业内占据近乎垄断的地位有着极大的关系。正是因为 Premiere 与这些软件有极高的兼容性，各个软件之间能够快速协同参与制作项目，所以 Premiere 的应用范围和场景才变得更加丰富（图 2-3）。

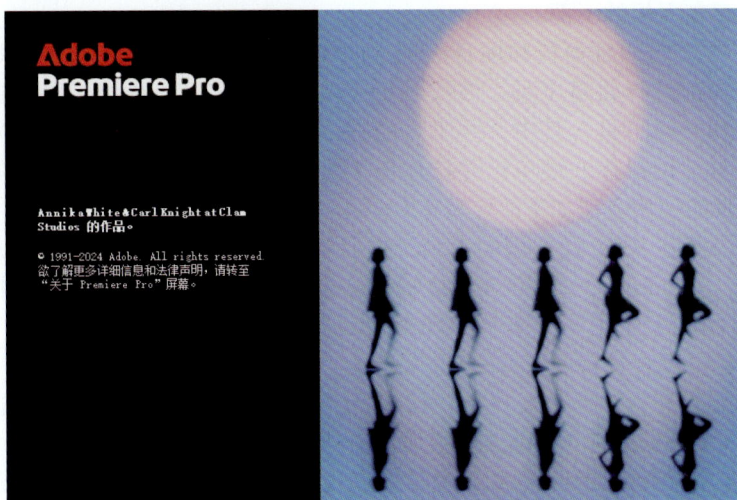

图 2-3 Premiere 的启动界面

Adobe 官网上对 Premiere 这个软件的定义是这样的：Adobe Premiere 是适用于电影、电视和 web（网络）视频的领先视频编辑软件。

Premiere 的主界面可以切换为多个形态，通过点击右上方"工作区"选项中的"学习""组件""编辑""颜色"等不同的工作区，来切换不同的界面布局方式。

接下来以图 2-4 为例，对 Premiere 常用的面板及功能做一下介绍。

图 2-4　Premiere 的界面

A. 菜单栏：位于软件界面最上方，正常情况下分别是文件、编辑、剪辑、序列、标记、图形和标题、视图、窗口、帮助这 9 项。点开后会有下拉菜单，其中包括各种命令。

B. 项目面板：用于导入和管理剪辑所用到的各种素材。面板的左上角有搜索栏，便于在素材较多的时候直接搜索。面板的左下角是项目面板的各种视图模式、素材排序方式，右下角可以新建素材箱和新建项。

C. 节目监视器面板：位于软件界面的中间位置，用于实时预览和控制剪辑的画面效果，主要控制的按钮都在面板的下部。

D. 工具栏：位于时间轴面板和项目面板之间，是放置各种编辑工具的区域。由上往下分别是选择工具、向前选择轨道工具、波纹编辑工具、剃刀工具、外滑工具、钢笔工具、矩形工具、手形工具和文字工具，其中一些工具的右下方有一个小小的三角形符号，这代表该工具中还有隐藏工具。用鼠标左键单击并按住该工具不放，就会弹出隐藏工具的浮动面板。这些工具及隐藏工具的使用方法如下。

移动工具（快捷键 V）：最常用的工具，主要用于在时间轴上移动素材以及控制素材的长度。配合 Ctrl 键（Windows）或 command 键（macOS）可以在时间轴上强行插入素材。配合 Shift 键可以在时间轴上选中多个素材。配合 Alt 键（Windows）或 option 键（macOS）在时间轴上拖动素材，可以直接将该素材复制一份。

向前选择轨道工具（快捷键 A）：使用该工具在时间轴上点击，会选中点击位置右侧所有轨道中的素材。配合 Shift 键可以单独选中所点击轨道右侧的所有素材。

波纹编辑工具（快捷键 B）：可以调整素材长度，并让旁边的其他素材自动移动。

滚动编辑工具（快捷键 N）：调整相邻的两个素材的长度，但它们的总长度不变，适合精细调整剪切点。

比率拉伸工具（快捷键 R）：可以任意改变素材的播放速度和持续时间，直接对时间轴上的素材进行拖拽，即改变其长度，然后素材的速度就会相应地改变。

剃刀工具（快捷键 C）：最常用的工具，可以将素材剪开。配合 Shift 键可以同时剪开时间点上的所有素材。配合 Alt 键（Windows）或 option 键（macOS）可以忽略链接而单独剪视频或音频，在需要替换部分视频或音频时可以免去取消链接的步骤。

外滑工具（快捷键 Y）：在不改变素材在轨道中的位置和长度的情况下，直接改变素材的出点和入点。

内滑工具（快捷键 U）：与外滑工具类似，不过这个工具改变的是目标素材及其前后素材的长度。

钢笔工具（快捷键 P）：调整物体运动路径，在旧版标题设计器中可以制作沿路径分布的蒙版和字幕。

矩形工具：可以直接在监视器面板中绘制一个矩形。

手形工具（快捷键 H）：可以快速移动时间线，便于查看。

缩放工具（快捷键 Z）：放大显示整个时间轴，配合 Alt 键（Windows）或 option 键（macOS）可以缩小显示整个时间轴。

文字工具（快捷键 T）：可以直接在监视器面板中输入文字。

E. 时间轴面板：一般位于软件界面的下方，用于编辑和剪辑项目面板中导入的素材。这是 Premiere 的核心区域，同时也是操作最频繁的面板，最好配合一些常用的快捷键进行操作，这样可以极大地提高工作效率，常用的快捷键如下。

空格键：播放或停止。

加号或减号键：整个时间轴的缩放。

Ctrl（Windows）或 command 键（macOS）+ 加号或减号键：视频轨道纵向缩放。

Alt 键（Windows）或 option 键（macOS）+ 加号或减号键：音频轨道纵向缩放。

Shift+ 上下左右箭头：移动时间滑块的播放点。

在时间轴上选中素材，Alt 键（Windows）或 option 键（macOS）+ 上下左右箭头：移动素材在时间轴上的位置。

Ctrl+A（Windows）或 command+A（macOS）：全选时间轴上的所有素材。

Ctrl+C（Windows）或 command+C（macOS）：复制时间轴上选中的素材。

Ctrl+V（Windows）或 command+V（macOS）：在时间轴上粘贴之前复制的素材。

Ctrl+R（Windows）或 command+R（macOS）：打开"剪辑速度 / 持续时间"面板。

F. Lumetri 颜色面板：位于软件界面的右侧，用于对时间轴上的素材进行调色。分别有基本校正、创意、曲线、色轮和匹配、HSL 辅助、晕影等 6 个卷展栏，每个卷展栏下又有多项属性可以调整参数，仅基本校正下就有输入 LUT、白平衡、色温、色彩、饱和度、曝光、对比度、高光、阴影、白色、黑色等十余种不同属性。

除了上述在常规界面中出现的面板以外，还有很多其他面板窗口，可以通过点击菜单栏中的"窗口"来逐一打开。其中较为常用的如下。

效果面板：用于为时间轴上的素材添加各种效果和过渡，面板中默认有预设、Lumetri 预设、音频效果、音频过渡、视频效果、视频过渡等 6 个文件夹，点开以后会有各种具体的效果，将它们拖动到时间轴上的素材上即可使用。

效果控件面板：用来调整被剪辑素材的各种参数，正常情况下有"运动"属性下的位置、缩放、旋转、锚点、防闪烁滤镜，"不透明度"属性下的不透明度、混合模式等。

源监视器面板：用于预览导入的各项素材，在项目面板中双击素材，就会在源监视器面板中实时显示出素材的预览效果，并可以通过面板下方的按钮进行播映控制。

历史记录面板：用于显示和记录剪辑师在 Premiere 软件中的每一步操作，可以通过点击记录的每一个命令，使项目回到该命令操作之前的状态。

2.3 ▶ 案例演示：MTV的剪辑制作

对于所有的影视剪辑软件来说，它们的基本操作流程几乎都是一样的，大致可以分为素材导入、视频剪辑、画面处理、成片输出四个步骤。

素材导入：在视频剪辑中，需要用到多个不同类型的文件，因此，需要在一开始就将视频、图片、音频等剪辑所需的素材文件统一导入 Premiere 中。

视频剪辑：在 Premiere 中，对导入的素材逐一进行时间长度的剪裁，并按照一定的结构顺序把它们在时间轴上组接起来。

画面处理：对完成剪辑的素材进行调色处理，并根据需要，添加转场、字幕等效果。

成片输出：剪辑完成以后，将整个时间轴上的素材打包输出成一个完整的视频文件。

接下来将通过一个简单的案例，来快速了解一下 Premiere 的基本操作流程。

2.3.1 素材导入

步骤 1 打开 Premiere 软件，会先弹出主页面，面板上会显示最近使用过的 Premiere 源文件。如果是第一次打开，那么"最近使用项"一栏就是空的，这时可以点击左侧的"新建项目"按钮，来创建第一个 Premiere 项目（图 2-5）。

步骤 2 弹出"新建项目"面板，在"项目名"一栏输入项目的名字，例如"MTV"，在"位置"一栏，可以点开下拉菜单，点击"选择位置"按钮，设置该项目文件在电脑中保存的位置。其他参数可以不用设置，然后按下"创建"按钮（图 2-6）。

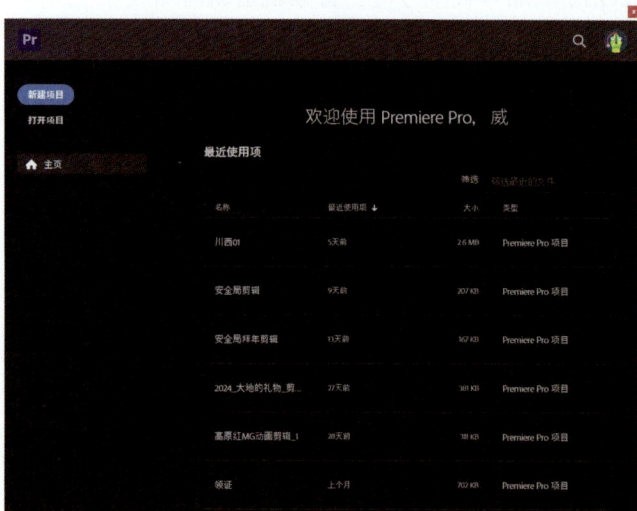

图 2-5　Premiere 的主页面

图 2-6　Premiere 的"新建项目"面板

步骤 3 这时会进入"导入模式"中，可以在硬盘中选中要导入的素材，然后点击右下角的"导入"按钮。也可以根据个人习惯，点击"跳过"按钮，将素材导入这一步跳过。这里选择"跳过"（图 2-7）。

技术解析

在一般的剪辑项目中，经常会存在着不同位置、尺寸、格式、编码的素材。如果使用"导入模式"，Premiere就会根据导入素材的格式自动创建序列，该序列的格式往往是错误的。因此有经验的剪辑师往往会跳过该步骤，自己在后续的操作中去设置序列的格式。

在"新建项目"面板中，即步骤2中，也可以勾选面板左下角的"跳过导入模式"按钮，直接跳过导入这一步。

步骤4 进入 Premiere 的主界面，会看到整个界面都是空的。可以点击"项目"面板中的"导入媒体"按钮，对素材进行导入（图2-8）。

图 2-7 导入模式

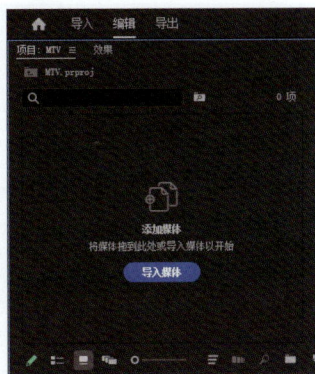

图 2-8 导入媒体

步骤5 在弹出的"导入"窗口中，找到并选中素材中的视频文件，点击右下角的"打开"按钮（图2-9）。

步骤6 这些视频文件已被导入 Premiere 的"项目"面板中。如果现在界面中没有"项目"面板的话，只需执行 Premiere 菜单中的"窗口"→"项目"命令，就可以将"项目"面板打开了（图2-10）。

图 2-9 在电脑中找到要导入的视频文件

图 2-10 项目面板中导入的视频文件

在"项目"面板左下角，可以将素材的显示模式设置为"列表视图""图标视图"和"自由变换视图"三种模式，推荐使用"图标视图"，这样可以更直观地看到素材的内容（图2-11）。

如果导入的素材在"项目"面板中顺序较乱，可以点击"项目"面板底部的"排序图标"按钮，按照不同的排序规则调整素材的排列顺序（图2-12）。

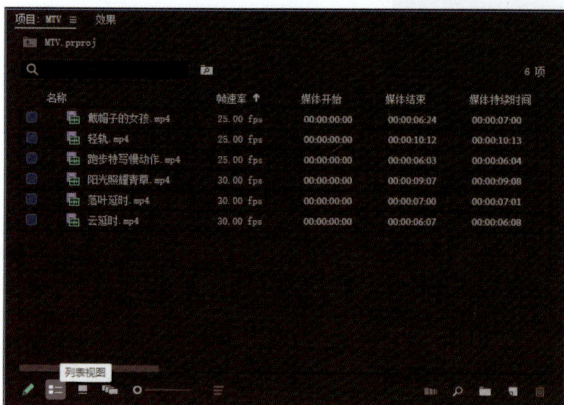

图2-11 "项目"面板中的列表视图

图2-12 在"项目"面板中对素材进行排序

2.3.2　视频剪辑

步骤1　执行菜单的"文件"→"新建"→"序列"命令，在弹出的"新建序列"面板中，将"可用预设"设置为"HD 1080p 25 fps"，即要制作尺寸为1920像素×1080像素、帧速率为25帧/秒的1080p视频，也可以点击上面的"设置"按钮，查看或调整具体的参数（图2-13）。

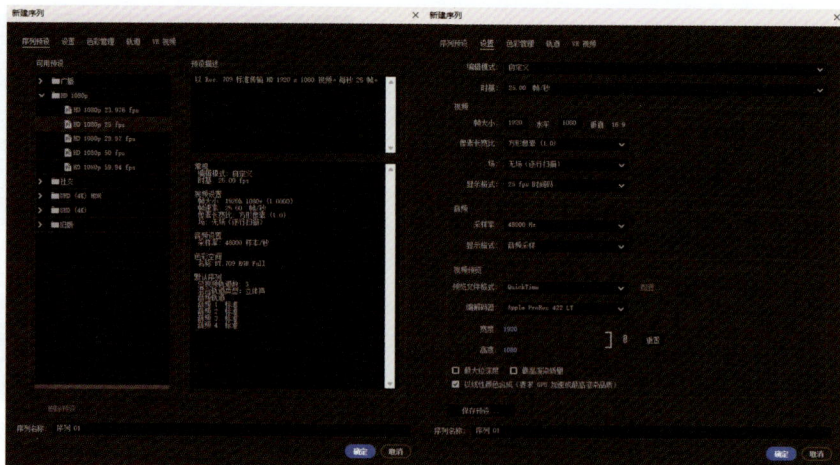

图2-13　Premiere的"新建序列"面板

步骤 2 点击"戴帽子的女孩 .mp4"视频素材，用鼠标左键将其拖拽到 Premiere 时间轴的 V1 轨道上，该素材就会在"节目监视器"面板中显示出来了。现在时间轴上的视频和音频轨道中都有内容，这是因为该视频素材还包含有音频部分。按下键盘的"+"键，将时间轴放大显示，会观察到该素材在时间轴上的持续时间是 7 秒（图 2-14）。

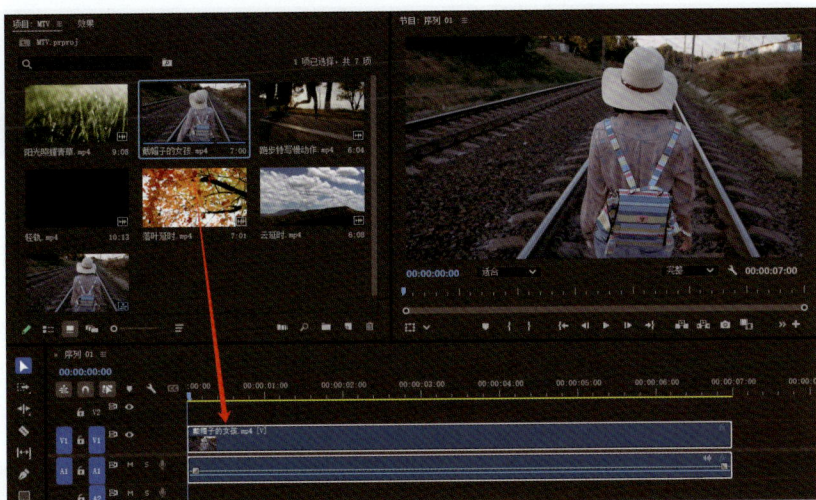

图 2-14 将素材拖入时间轴

步骤 3 按下空格键，在时间轴上对素材进行预览，会发现该素材虽然有音频轨道，但其实是没有声音的。在时间轴上选中该素材，按下鼠标右键，在弹出的浮动菜单中点击"取消链接"，即取消该素材中视频和音频的链接，使它们成为两个独立的部分（图 2-15）。

步骤 4 选中该素材的音频，按下键盘的"Delete"键删除，只留下视频部分（图 2-16）。

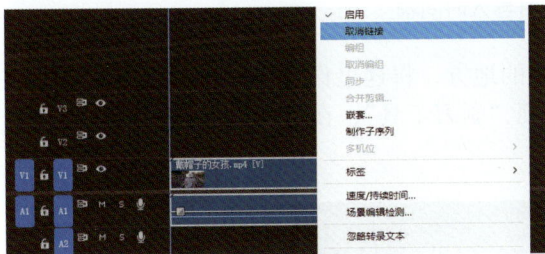

图 2-15 "取消链接"命令

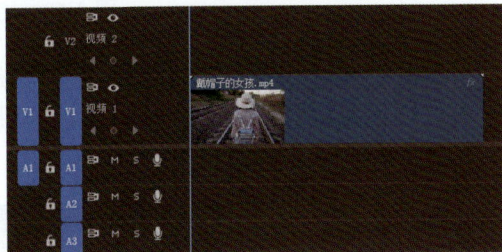

图 2-16 删除素材的音频

步骤 5 将其他几段视频素材逐一拖动到时间轴上。将一段素材拖动并靠近另一段素材的时候，它们之间会像有磁性一样首尾连接在一起，如果没有磁性，可以点击激活面板左上角的"在时间轴中对齐"按钮，快捷键是 S 键（图 2-17）。

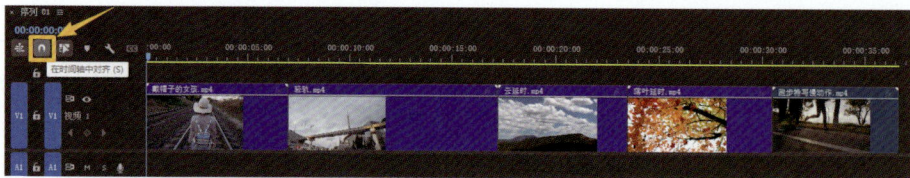

图 2-17　将素材在时间轴上排列好

步骤 6　如果想要改变它们的排列顺序，可以选中工具栏中的"选择工具"，在时间轴上选中素材，并将其拖动到相应的位置。如果当前界面中没有工具栏，可以执行 Premiere 菜单中的"窗口"→"工具"命令，或者按下"V"键，直接切换到"选择工具"（图 2-18）。

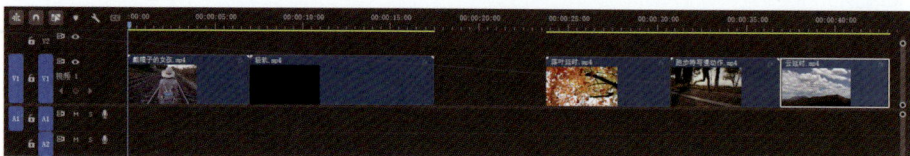

图 2-18　使用选择工具调整素材位置

其实使用"选择工具"对素材进行位置上的调整，就是剪辑中的"辑"，接下来再进行剪辑中的"剪"。

步骤 7　导入一段自己喜欢的歌曲，并将其拖动到时间轴的音频轨道上。本案例中选择的是一首流行歌曲中的一小节，共 5 句歌词，正好对应 5 段视频素材。但是现在视频素材的长度要远远大于音频素材的长度，这就需要对视频素材进行相应的剪切（图 2-19）。

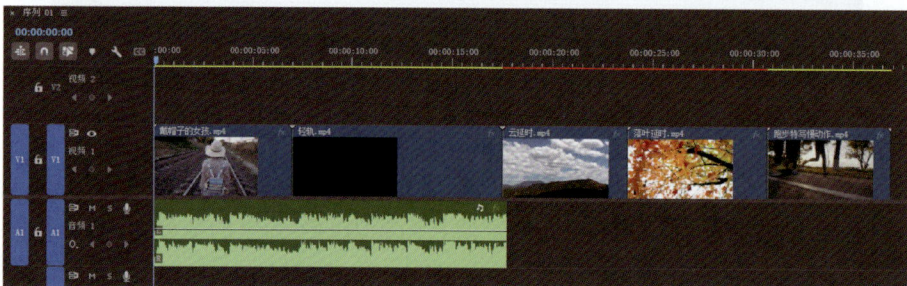

图 2-19　将音频素材导入时间轴

步骤 8　先按下空格键，找到第一句歌词结束的地方，将这里作为剪切点。点击工具栏上的"剃刀工具"，或者按下快捷键"C"直接切换到"剃刀工具"，在剪切点的位置点一下视频素材，将该视频切为两段（图 2-20）。

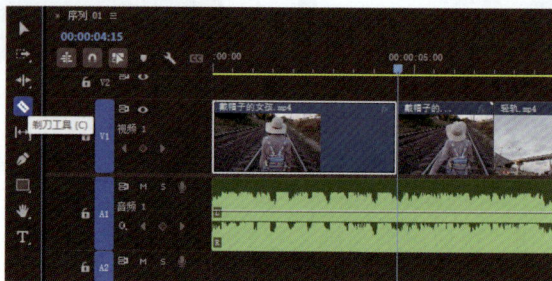

图 2-20　使用剃刀工具将视频剪开

步骤9 再使用"选择工具",在时间轴上选择该素材不需要的部分,按下键盘的"Delete"键将其删除,这样就完成了剪辑中的"剪切"(图2-21)。

图2-21 删除不需要的素材部分

步骤10 对应着音频中的歌词或旋律,将其他几段视频素材进行剪辑(图2-22)。

图2-22 将视频进行剪辑

2.3.3 画面处理

现在的画面有些单调,接下来将添加转场、调色和字幕效果,对整体的画面进行处理,使内容和效果更加丰富。

时间轴上两个镜头之间是直接跳转的,这种情况一般被称为"硬切"。现在将要在两个镜头之间添加过渡效果,也就是"转场"。

步骤1 执行菜单中的"窗口"→"效果"命令,打开Premiere的效果面板,在面板中逐次点开"视频过渡"→"溶解"文件夹,将"交叉溶解"效果用鼠标左键拖拽到两个镜头之间,再按下空格键预览,就会看到两个镜头切换的时候,会有相互之间透明过渡的动态转场效果。使用同样的方法,为后面的几个视频都添加"交叉溶解"转场效果(图2-23)。

图2-23 为视频素材添加"交叉溶解"效果

步骤2 如果想要调整转场的时间长度,可以在时间轴上选中添加的"交叉溶解",在"效果控件"面板中,点击"持续时间"后面的时间数值并更改,还可以调整"对齐"方式(图2-24)。

因为使用的几段素材是在不同环境下拍摄的,所以色彩不够统一,现在需要进行调色。

步骤3 在"项目"面板中,点击右下角的"新建项"按钮,在弹出来的菜单中点击"调整图层",这时项目面板中就会出现一个黑色的名叫"调整图层"的文件(图2-25)。

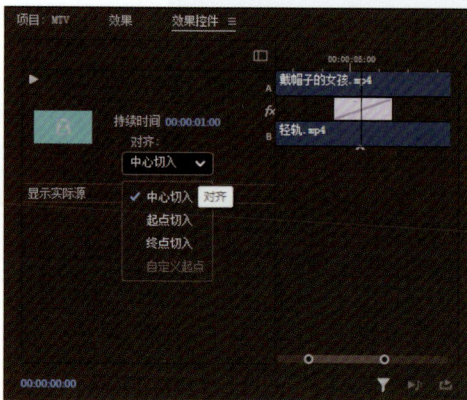

图 2-24 调整转场效果

图 2-25 新建调整图层

步骤4 将新建的"调整图层"文件从项目面板中拖拽到时间轴最上方的视频轨道上,并使用"选择工具",将调整图层在时间轴上拉长,覆盖住下面的所有视频素材(图2-26)。

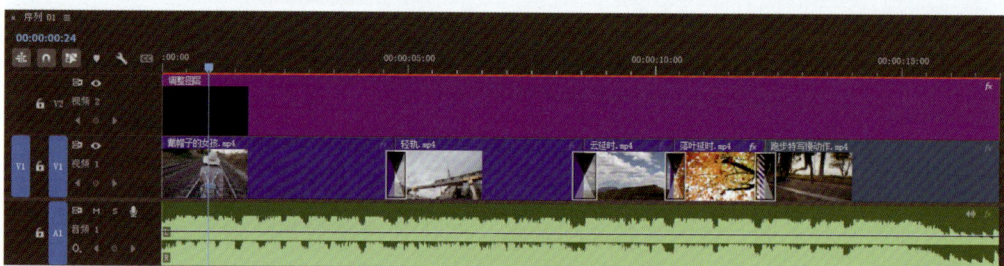

图 2-26 将调整图层拖拽到时间轴上

步骤5 执行菜单中的"窗口"→"Lumetri 颜色"命令,打开 Lumetri 调色面板。在时间轴上选中调整图层,将"色温"调整为60,让画面整体偏暖色调;再将"阴影"调整为42.7,提高画面暗部区域的亮度;再将"饱和度"降低至60.5,让画面偏灰一些。按下空格键预览,会发现所有的镜头都按照这些参数调整了,这样整体的色彩就统一了(图2-27)。

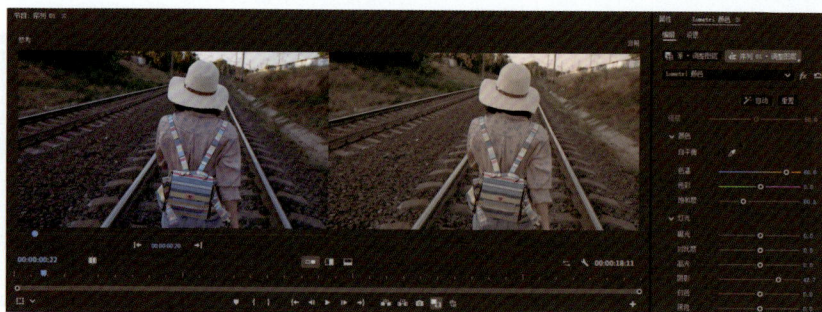

图 2-27 对画面进行调色

对于一首 MTV 来说，歌词的显示也是必需的，接下来要为画面添加字幕效果。

步骤 6 使用左侧工具栏中的"文字工具"，在节目监视器面板的画面中点击一下，就可以输入文字了。同时时间轴上会增加一个图形素材，使用选择工具将其拉长，覆盖住第一段视频素材（图 2-28）。

步骤 7 双击该图形素材，打开"属性"面板，选中输入的文字，就可以在面板下方调整字体大小、字距和行距（图 2-29）。

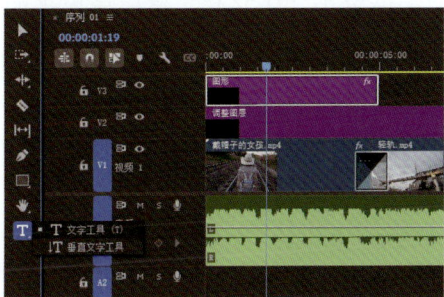

图 2-28 添加文字

图 2-29 在"属性"面板中调整文字参数

步骤 8 在"属性"面板下方还可以继续调整文字的填充颜色、描边、阴影等，调整完毕后，使用工具栏中的"选择工具"，在画面中选中文字并将其移动到合适的位置，再点击"属性"面板中的"水平居中对齐"按钮，使文字位于画面中间（图 2-30）。

图 2-30 调整文字外观和位置

步骤 9 继续制作后面的几条字幕。如果需要后续文字的参数与第一条文字保持一致，可以按住 Alt 键（Windows）或 option 键（macOS），在时间轴上向后拖动已经制作好的一条文字，将其复制出来，再在画面中或"属性"面板中修改文字的内容（图 2-31）。

图 2-31 继续添加后面的字幕

2.3.4　成片输出

点击 Premiere 界面左上角的"导出",或者先点击下时间轴,再执行菜单的"文件"→"导出"→"媒体"命令,或者使用快捷键 Ctrl+M(Windows)或 command+M(macOS),进入导出设置面板。

点击"位置"后面的路径名称,就可以打开"另存为"的窗口,设置导出视频的保存位置以及文件名。

将"预设"设置为"高品质 1080p HD",再把"格式"设置为"H.264",这样导出来的视频就是高画质的 mp4 格式。调整时,可以通过面板右下角的"估计文件大小",来实时地看到输出文件的体积大小(图 2-32)。

图 2-32　导出设置面板

设置好以后,点击面板右下方的"导出"按钮,就可以将视频导出了。

最终完成的文件是本书配套素材中的"2.3-MTV 剪辑 .prproj"文件。

2.4 ▶ 案例演示:旅行抖音短视频

随着短视频的兴起,很多普通人也开始尝试使用短视频来记录自己的生活。本案例就用短短 13 秒的时间,记录了一次乘飞机由出发地抵达目的地的全过程。

步骤 1　新建一个 Premiere 项目,将素材中的 5 段实拍视频导入项目面板中(图 2-33)。

视频教程

图 2-33　导入 5 段视频素材

步骤 2 这些素材是用手机拍摄的竖屏视频，Premiere 的序列中没有这种尺寸的预设，如果要自定义的话还要输入多项数值，比较麻烦。这时可以在项目面板中选中该素材，按下右键，在弹出的浮动面板中点击"从剪辑新建序列"命令，就会以该素材的尺寸直接新建一个序列，同时将素材放入序列的时间轴上（图 2-34）。

步骤 3 新建的序列是以该视频素材的名字命名的，这时要在项目面板中选中该序列并按下回车键，将该序列的名称修改为"旅行抖音短视频剪辑"（图 2-35）。

图 2-34 从剪辑新建序列

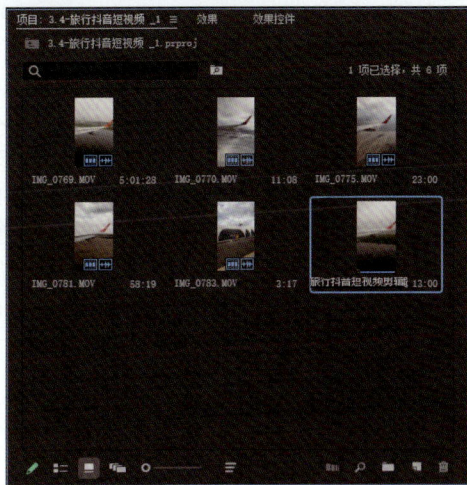

图 2-35 将序列重命名

步骤 4 该段视频素材的时长是 5 分钟，内容是飞机起飞的全过程。使用工具栏中的"剃刀工具"，将该视频素材前面的飞机滑行和后面的飞机爬升部分都剪掉，只保留飞机起飞脱离地面的过程。

步骤 5 将背景音乐也拖入序列中，对照着节奏进行剪辑。这段背景音乐差不多 2 秒半一个节奏点，所以要将第一段视频素材剪短，或者加快其播放速度，使时长缩短为 2 秒。使用工具栏上的"比率拉伸工具"（快捷键 R），将鼠标放在视频素材的一侧向中间拖动，加快视频的播放速度，以匹配背景音乐的节奏点（图 2-36）。

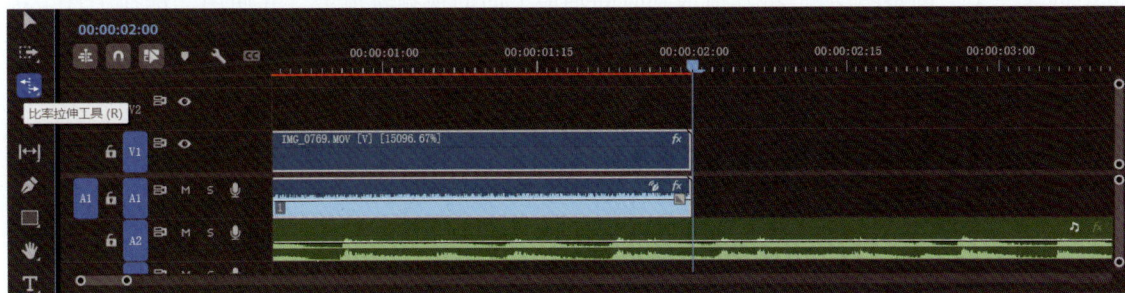

图 2-36 使用比率拉伸工具

步骤 6 按照同样的方法，将后面的几段视频素材也进行剪辑，最后一段可以放飞机落地的视频素材，剪辑后的时间轴如图 2-37 所示。

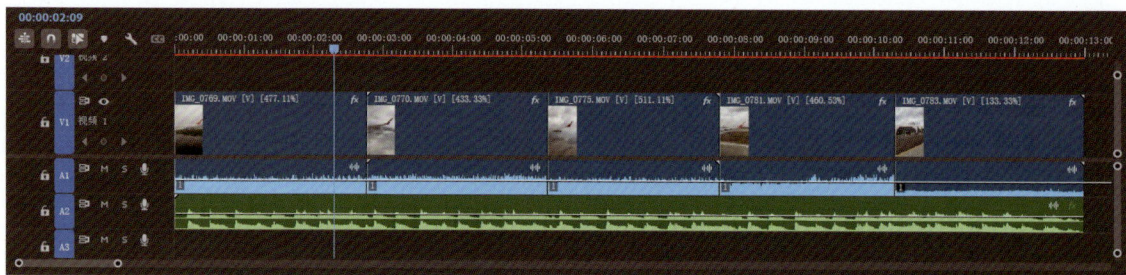

图 2-37　剪辑后的时间轴

按下空格键预览一下整个视频效果，会发现视频素材自带的背景声音较大，已经压过了音乐的声音，所以需要将背景声音调低。逐个调整的话会比较麻烦，如果所有的素材背景声音都在同一个轨道上，就可以直接调节该轨道的音量。

步骤 7　按下 Alt+ 加号快捷键，将音频轨道拉高一些，点击该音轨前面的"0"图标，在弹出的浮动菜单中点击"轨道关键帧"→"音量"命令，这时该音轨中间会出现一条白线（图 2-38）。

步骤 8　使用鼠标左键，向下拖拽该音轨中间的白线，就可以使整条音轨的音量降低（图 2-39）。

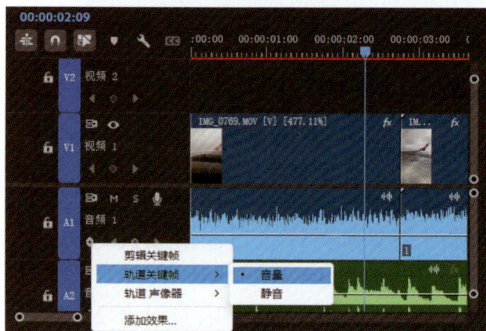

图 2-38　点击音轨的浮动菜单

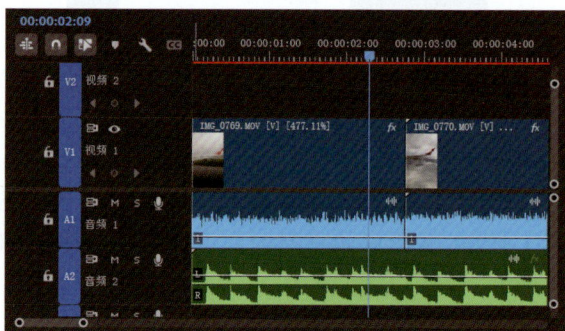

图 2-39　调整音轨的音量

步骤 9　由于几段素材的颜色、光线都不太相同，因此需要统一进行调色。在"项目"面板中创建一个"调整图层"，将其拖拽到时间轴最上面的视频轨道上，并使用"选择工具"将它拉长，覆盖住下面的所有素材。这样针对该调整图层进行调色，就会改变它覆盖的所有视频素材的颜色（图 2-40）。

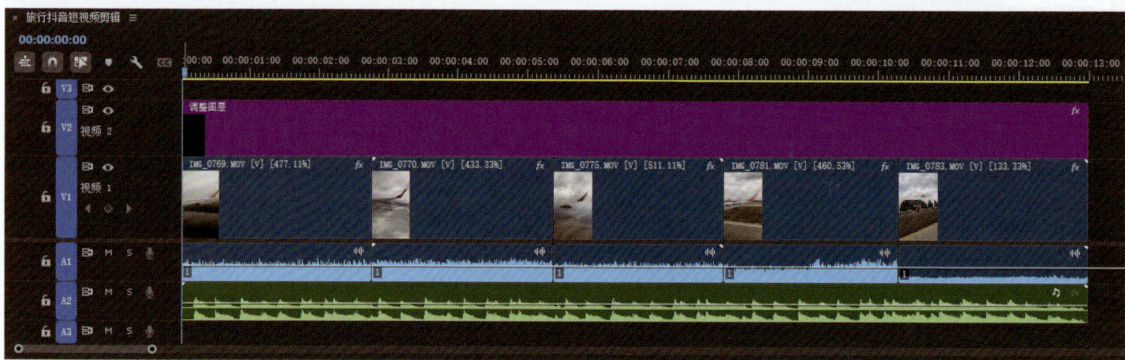

图 2-40　新建调整图层

步骤 10　在时间轴上选中调整图层，再进入"Lumetri 颜色"面板中，将"曝光"调整为 1.0，让画面整体变亮一些；将"阴影"调整为 30，让画面的暗部区域提亮一些；将"饱和度"调整为 150，使画面更加鲜艳（图 2-41）。

步骤 11　将"晕影"中的"数量"参数调整为 3，这样整个画面就会出现内发光的效果，增加视频的梦幻感。再将"羽化"值调整为 100，让过渡更加柔和。如果要调整为内投影效果，将"数量"改为负值即可（图 2-42）。

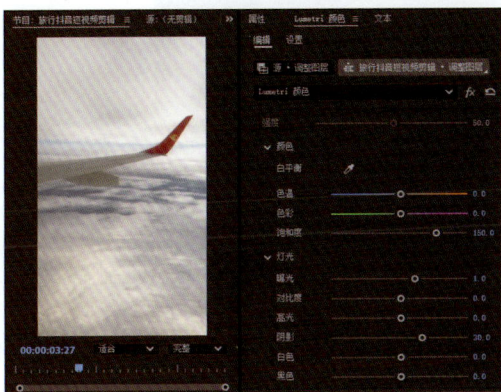
图 2-41　在颜色工作区中调色

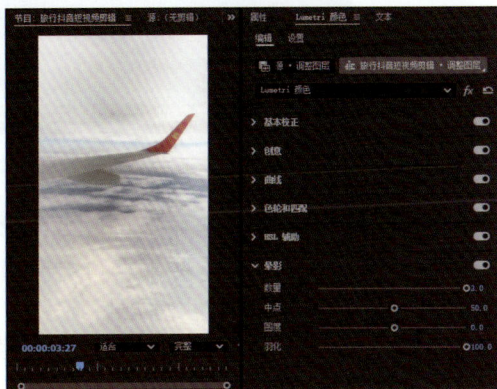
图 2-42　调整晕影效果

剪辑的这几段视频素材，虽然拍摄的角度、位置都差不多，但因为是手持拍摄，所以还是会出现一些偏差，再加上场景的切换，会使镜头之间的连接有些生硬。这就需要在 Premiere 中为镜头之间的连接处添加一些转场效果。

步骤 12　进入"效果"面板，打开"视频过渡"→"溶解"文件夹，用鼠标左键将"交叉溶解"效果拖拽到两个镜头之间的连接部分，为镜头之间添加"交叉溶解"的动态转场效果。在时间轴上双击该转场，会弹出"设置过渡持续时间"窗口，输入相应的时间就可以调整该转场的时长（图 2-43）。

图 2-43　添加"交叉溶解"转场并调整参数

步骤 13　在其他的镜头连接处也添加"交叉溶解"效果，让整个片子的镜头过渡更加自然。至此，整个片子的剪辑制作就全部完成了，最终的工程文件如图 2-44 所示。

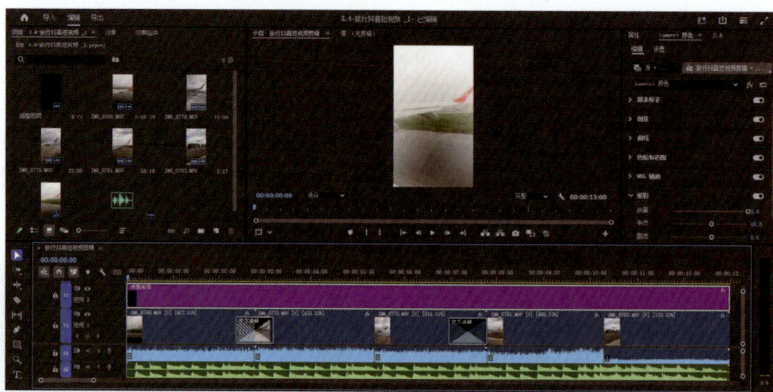

图 2-44　本案例的工程文件

在一部短视频制作完毕后，可以尝试多平台发布，即把这部短视频发布在所有符合发布要求的短视频平台上。而这些平台可能会对短视频的尺寸规格有不同的要求，这就需要将制作完成的短视频输出不同的尺寸规格。

步骤 14　点击 Premiere 界面左上角的"导出"，打开"导出设置"面板，设置好"文件名"和"位置"，并将格式设置为"H.264"，然后在"基本视频设置"中将"帧大小"设置为 Custom（自定义），这时就可以对输出视频的 W（宽度）值和 H（高度）值进行调整，最后再点击"导出"按钮输出（图 2-45）。

图 2-45　导出设置

最终完成的文件是本书配套素材中的"2.4-旅行抖音短视频 .prproj"文件。

本章 小结

本章的主要学习任务是对影视作品的制作有一个初步的认识和了解，需要掌握的内容包括各个主流视频剪辑软件的特点、Premiere 软件的界面和操作流程，并通过两个案例对 Premiere 剪辑制作的流程有一个初步的认识。

课后可以登录一些短视频平台，找一些热门的短视频进行观看和学习，并从制作的角度思考一下剪辑制作这些视频的方法。

课后 拓展

1. 使用手机拍摄一些视频，并将它们导入 Premiere 软件中，剪辑制作出一部短视频作品。

2. 熟练掌握本章中提到的 Premiere 的快捷键。

第3章
Premiere素材的导入与处理

- **知识目标** 了解影视剪辑和制作中各种素材的类型
  掌握在Premiere中导入和处理素材的方法

- **能力目标** 具备计算机软件的基本操作能力
  具有一定的影视作品和音乐作品欣赏能力

- **素质目标** 主动了解国内影视制作技术的发展趋势，树立文化自信
  养成严谨的学习和工作态度，具有较强的创新意识

- **学习重点** 影视剪辑素材的类型和特点
  在Premiere中对素材的处理方法
  在Premiere中使用多种素材进行影视剪辑制作的方法

- **学习难点** 了解并掌握各种不同类型素材的特点

其实在 Adobe 众多的软件中，Premiere 属于相对比较简单的一款。因为它的本质是将各种素材组合剪辑在一起，创作的内容并不是很多。

对于第一次使用影视剪辑制作软件的用户，尤其是之前使用过 Photoshop 的用户，对 Premiere 的一些使用方式可能还不太习惯，这里有必要提前说明一下。

如果要在另一台电脑上打开 Photoshop、Animate、Illustrator 这些软件的工程文件，基本上只需要把一个源文件拷过去就可以了。而 Premiere 是剪辑制作视频的软件，经常处理体积较大的视频文件，所以 Premiere 只是记录了导入文件的路径，并不会真的把文件嵌入到源文件中。一般 Premiere 的源文件只有几百 KB 大小，如果只是把一个 Premiere 源文件拷贝到其他电脑上并打开，Premiere 就会显示找不到之前导入的素材（图 3-1）。

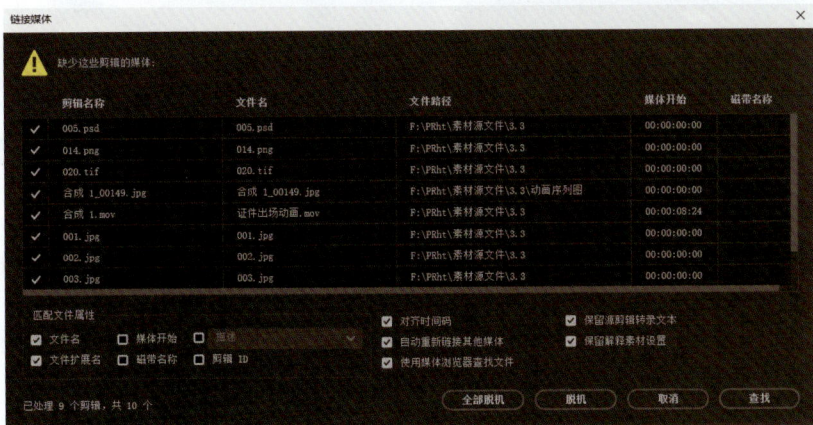

图 3-1　找不到素材时会弹出"链接媒体"的面板

因此，在进行影视剪辑制作时，不要轻易改变素材的位置，如果要到另一台电脑上继续编辑，还需要把相关的素材都拷过去，这样才可以正常打开 Premiere 的源文件。

3.1 ▶ 剪辑素材的类型和格式

剪辑和制作影视作品时要使用的素材类型，总的来说可以分为三类，即视频文件、图片文件和音频文件。除此之外，还有剪辑制作软件的工程源文件（prproj 文件）（图 3-2）。

图 3-2　剪辑和制作视频时要使用的素材类型

（1）视频文件格式介绍

avi 文件格式：Windows 系统中使用范围最广的视频格式，最大的特点是可以输出无损视频，最大限度地保证视频的质量。

mov 文件格式：苹果的 macOS 系统中使用范围最广泛的视频格式，最大的特点是可以输出无损视频，以及带通道（透明背景）的视频。图 3-3 就是具有爆炸效果、带通道的 mov 视频素材和啤酒杯素材叠加在一起的效果。

图 3-3　带通道的 mov 视频素材和啤酒杯素材叠加在一起

mp4 文件格式：网络范围内使用最广泛的视频格式，最大的特点是视频清晰度高，视频文件体积小，经常用于 Premiere 的最终输出。

正常情况下，mp4 格式的视频文件是没有通道的，但是针对一些纯黑色背景的视频，可以在时间轴上选中它，然后在"效果控件"面板中将它的"混合模式"改为"滤色"，将素材本身的黑色部分都过滤掉，只保留浅色的区域。比如在图 3-4 中，将 mp4 格式的文件改为"滤色"后，黑色部分被过滤掉，保留下来的白色烟雾部分和啤酒杯素材叠加在一起。

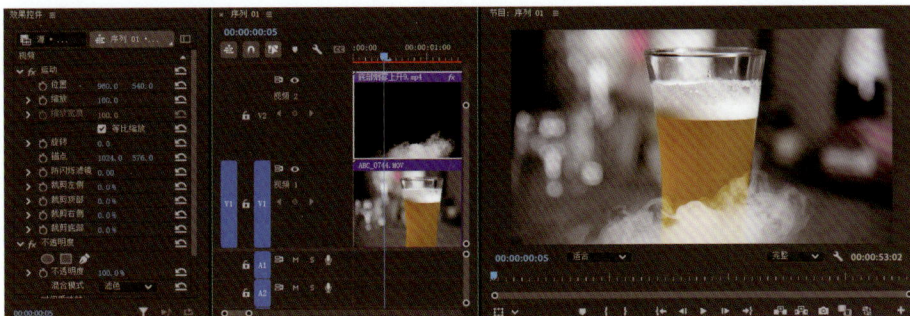

图 3-4　将黑色背景的素材改为滤色

mxf 文件格式：相机和摄像机拍摄出来的专业视频媒体文件格式，视频质量较高，文件体积相对较大。

其他文件格式：还有一些不太常见的视频格式，如 rmvb、flv 等，它们是无法直接导入影视剪辑制作软件中的，如果需要对它们进行剪辑制作，可以使用转换视频格式的软件，例如"格式工厂""狸窝"等，将它们转换为可直接导入剪辑软件的 avi、mov、mp4 等格式。

（2）图片文件格式介绍

jpg 文件格式：最大的优点是压缩比率高，往往同等质量下，jpg 格式的图片体积最小，适合在网络上发布和传播。图片压缩后就会损失一定的画面精度，而视频编辑对图片精度要求较高，因此在后期合成中，最好使用单反相机拍摄的高精度图片。通常视频的大小为 1080p，高精度照片的尺寸往往更大，这就需要在时间轴上选中图片，在"效果控件"面板中，调低它的"缩放"数值，使其匹配剪辑序列的尺寸（图 3-5）。

图 3-5　调整图片的"缩放"数值

png 文件格式：该格式的图片质量较好，同时它还可以保存图片的通道（透明背景），使后期合成更加快捷有效。图 3-6 就是带通道的奶瓶 png 图片叠加在背景图片上的效果。

图 3-6　带通道的奶瓶 png 图片叠加在背景图片上的效果

psd 文件格式：是 Photoshop 的源文件格式，可以保存图层、通道等信息，在与 Adobe 公司的其他软件进行协作编辑的时候，各个软件都可以读取这些 psd 文件中的信息，从而极大地提高工作效率。

序列图文件格式：一张张连续的图片，可以以序列的形式导入后期软件中，形成动态效果，一般用于延时拍摄。导入的时候，需要先选中第一张图片，并勾选窗口下方的"图像序列"选项，再点击"导入"按钮（图 3-7）。

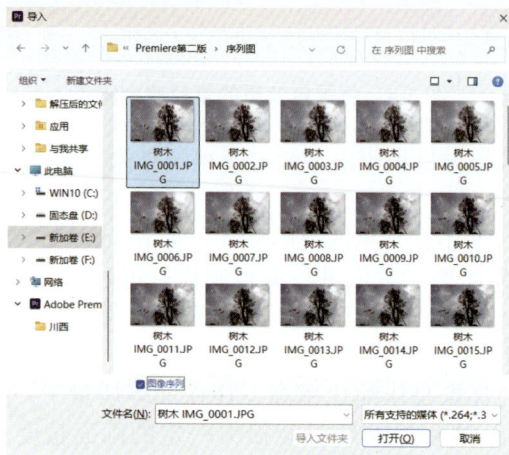

图 3-7　导入序列图文件

其他文件格式：还有一些常见的 tif、tga、bmp 等图片格式，都可以正常导入 Premiere 中进行编辑。

（3）音频文件格式介绍

在 Premiere 中，音频文件一般都会以波纹的图像显示，在剪辑和制作的过程中，可以根据需要调整它的音量大小（图 3-8）。

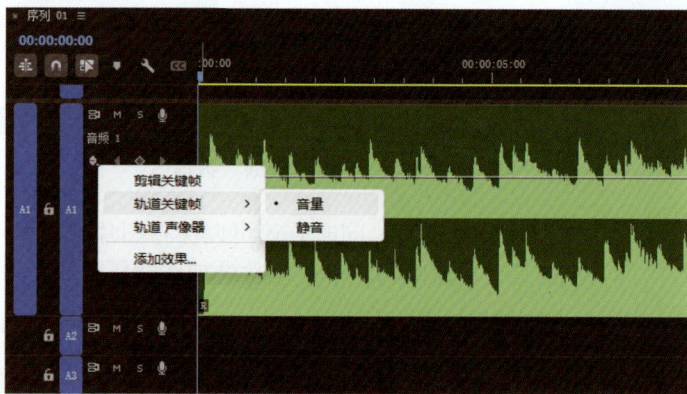

图 3-8　音频文件的显示效果

wav 文件格式：是音频的通用格式，也是无损压缩的格式，通常在视频编辑中使用的频率最高。

mp3 文件格式：是被压缩过的音频文件格式，音质有些损失，但一般情况下也可以使用。有些 mp3 格式无法导入 Premiere 中进行编辑，这是由于它自身的编码存在问题，可以使用一些音频格式转换软件，将它转换为 wav 格式即可。

flac 文件格式：无损音频格式，是音乐发烧友最喜欢的音频格式，但是无法直接导入Premiere 中，需要先转换格式。

其他文件格式：其他音频格式如 aiff、aac、wma 较为少见，如果无法直接导入 Premiere 中，则需要转换格式。

3.2 ▶ Premiere中的素材管理

剪辑和制作视频时需要用到大量的素材文件，包括视频、音频、图片等，尤其是制作大项目的时候，会用到成百上千的素材文件。因此，对素材文件的管理就显得尤为重要。

3.2.1 项目面板中的素材管理

将素材导入 Premiere 的项目面板中，所有的素材都会被混乱地放在一起（图 3-9）。

点击项目面板右下角的"新建素材箱"按钮，新建一个素材箱（图 3-10）。

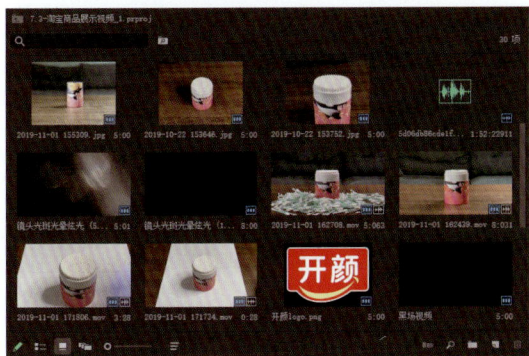

图 3-9　项目面板中的素材

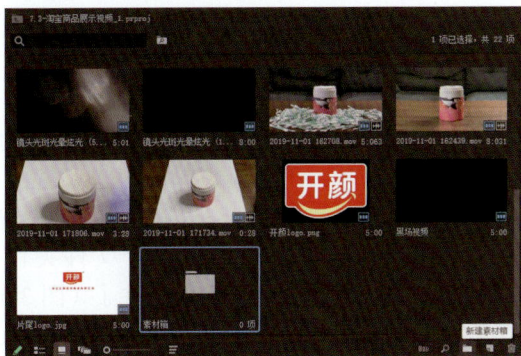

图 3-10　新建素材箱

选中新建的素材箱，按下键盘的回车键，将它的名字修改为"视频素材"。选中项目面板中所有的视频文件，将它们拖拽到该素材箱上并松手，就可以将这些视频文件都放入"视频素材"素材箱中（图 3-11）。

用鼠标左键双击"视频素材"素材箱，就可以打开该素材箱的面板，显示出其中所有视频文件（图 3-12）。

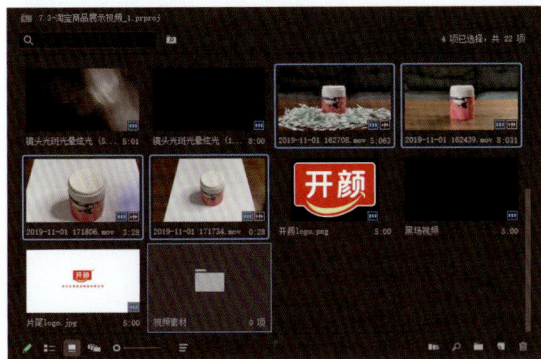

图 3-11　将视频文件拖入素材箱中

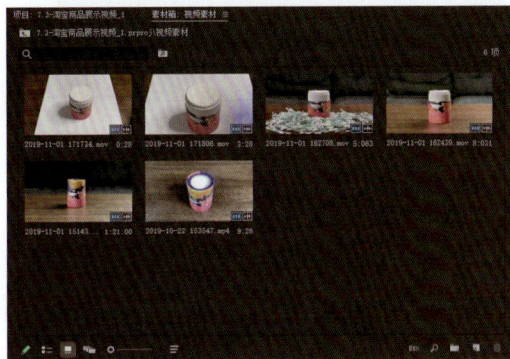

图 3-12　打开并查看素材箱

可以根据素材的类别创建多个素材箱，并将所有的素材文件都整理好（图 3-13）。

针对视频文件，还可以点击项目面板左下角的"列表视图"，界面中便会详细地显示出该视频的帧速率、持续时间等信息（图 3-14）。

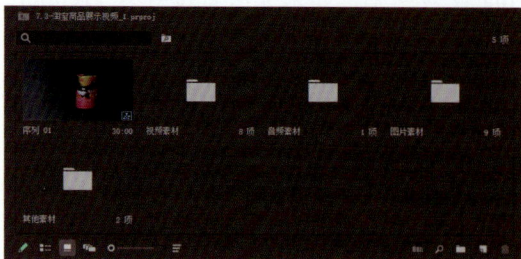

图 3-13　使用素材箱整理素材

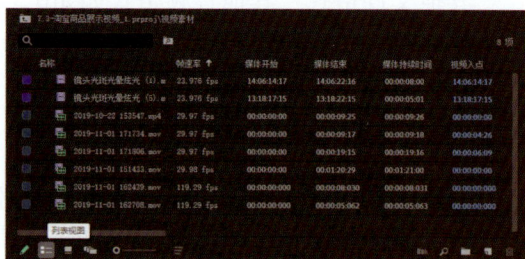

图 3-14　使用列表视图查看素材信息

3.2.2　项目文件打包收集

在一些大型影视项目中，剪辑时用到的素材很多，这些素材会分布在本地电脑的多个位置。这就需要剪辑师将所有的素材收集到一个文件夹中，并根据项目的实际需要创建子文件夹，分别放置不同的素材。

在团队协作的项目中，经常需要把整个项目发给其他剪辑师进行二次剪辑。如果剪辑素材较多，而且很多素材很分散，就需要用到 Premiere 的收集文件功能，这一操作也被业内称为"打包"。

执行菜单的"文件"→"项目管理"命令，会弹出"项目管理器"窗口，点击"浏览"按钮，在弹出的窗口中选择一个文件夹作为文件收集的位置，最后再点击"确认"按钮，Premiere 就开始自动打包收集文件了（图 3-15）。

收集完成后，打开刚才设置的路径，就会看到一个新的文件夹，里面放置了该项目用到的所有素材和源文件（图 3-16）。

图 3-15　项目管理器

图 3-16　收集了所有素材文件的文件夹

3.3 ▶ 案例演示：多素材混合剪辑

接下来将通过一个实际案例，来完整地讲解一下应怎样使用 Premiere 进行多种不同格式的素材的混合剪辑。

这个案例中，需要用到的素材种类较多，图片格式有 jpg、psd、png、tif 和序列图，视频格式是 mov，音频格式是 flac（图 3-17）。

视频教程

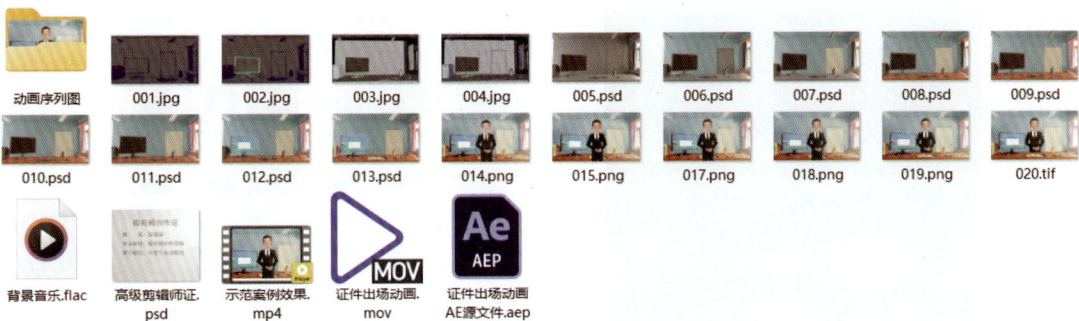

图 3-17　案例中将使用到的素材

3.3.1　素材导入

首先需要将这些素材都导入 Premiere 软件中。

步骤 1　执行菜单的"文件"→"导入"命令，或使用快捷键 Ctrl+I，在弹出的"导入"面板中，选中需要导入的素材文件，点击右下方的"打开"按钮，即可将素材文件导入 Premiere 的"项目"面板中（图 3-18）。

步骤 2　将"项目"面板改为"图标视图"模式，并按"名称"进行排序（图 3-19）。

图 3-18　Premiere 的"导入"面板

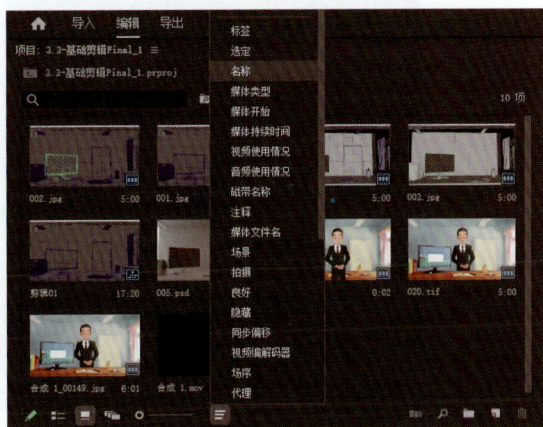

图 3-19　导入素材后的"项目"面板

步骤 3　如果导入的是带图层的 psd 格式，会弹出一个"导入分层文件"的设置面板，可以在"导入为"选项中，设置导入图层的形式。因为本案例中，不需要使用 psd 文件的图层，因此选择"合并所有图层"选项，即将 psd 文件中的所有图层合并为一张图片进行导入（图 3-20）。

序列图常用在延时摄影或者动画制作中，是指一张一张图像连在一起的图片文件，素材中有一个"动画序列图"文件夹，可以将它们作为一个动态文件导入 Premiere 软件中。

步骤 4　选中第一张图片，在"导入"面板的下方，勾选"图像序列"的选项，然后点击右下方的"导入"按钮，即可批量导入序列图片（图 3-21）。

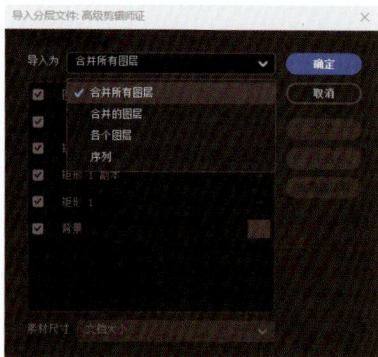

图 3-20　导入分层文件的设置面板

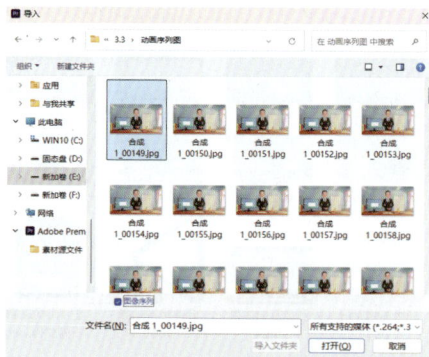

图 3-21　导入图像序列

步骤 5　素材中有一个"背景音乐 .flac"文件，它是无法直接导入 Premiere 中的。可以使用格式转换软件，将它转换为通用的 wav 音频格式，就可以导入 Premiere 中了。

3.3.2　视频剪辑

步骤 1　把导入的"001.jpg"图片素材用鼠标左键拖拽到 Premiere 时间轴的 V1 轨道上，该图片素材在时间轴上的持续时间是 5 秒（图 3-22）。

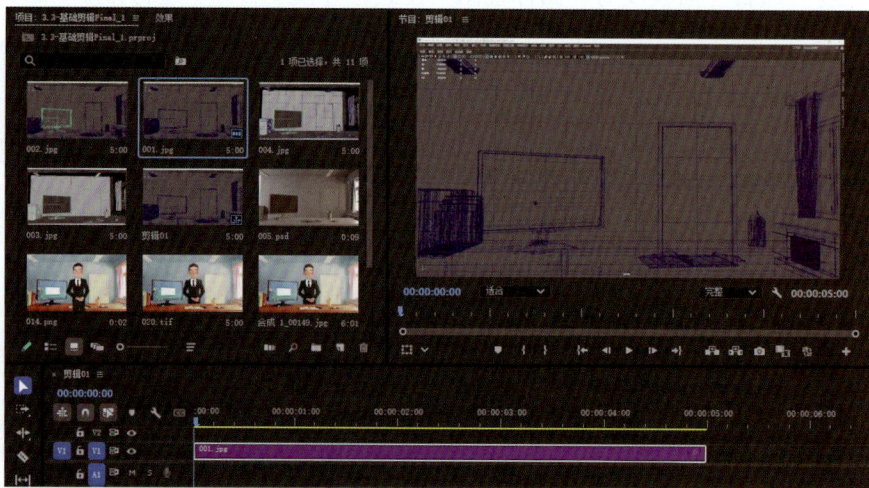

图 3-22　将图片素材拖拽入时间轴

步骤 2　把已转换为 wav 格式的背景音乐素材拖拽到时间轴的 A1 轨道上，将鼠标放在时间轴前面的 A1 和 A2 的连接处，上下拖拽鼠标，使 A1 轨道加宽显示，这样就可以使音频的波形效果显示得更加清晰，以便于在剪辑时对准节奏点（图 3-23）。

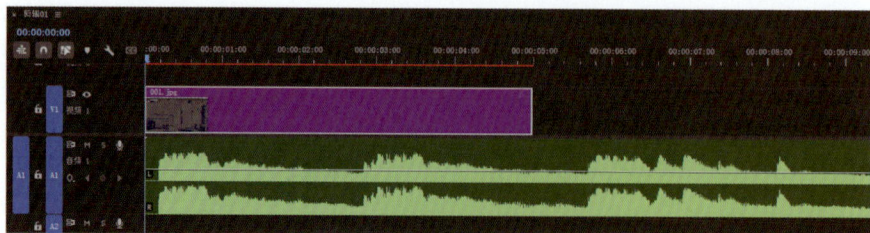

图 3-23　时间轴上的音频波形

剪辑的第一个字是"剪"，顾名思义，要把素材进行裁剪，即剪掉不需要的部分，改变素材的时长。

技术解析

在Premiere中，常用的裁剪素材的方法有两种：

①点击工具栏上的"剃刀工具"，或者按下键盘的"C"键切换到"剃刀工具"，然后再在时间轴上点击要裁剪的素材，就可以把该素材裁切为两段，再点击工具栏上的"选择工具"（也可以使用快捷键"V"键），选中不需要的部分，按下Delete键进行删除；

②使用"选择工具"，将鼠标放在素材起始或结束的位置，按住鼠标往素材的中部拖拽，就可以直接将不需要的部分去掉。

步骤3 选择"剃刀工具"，在时间轴00:00:00:14的位置将视频素材剪开，使第一个镜头的结束点卡在音频的第一个波峰上（图3-24）。

按下键盘的空格键，就可以预览下视频效果了。可以边预览边观察音频波形，会发现当音频处于波峰的时候，正好是音乐的节奏点。其实制作卡点视频的原理，就是将镜头与镜头之间的连接处放在音频波峰的位置。

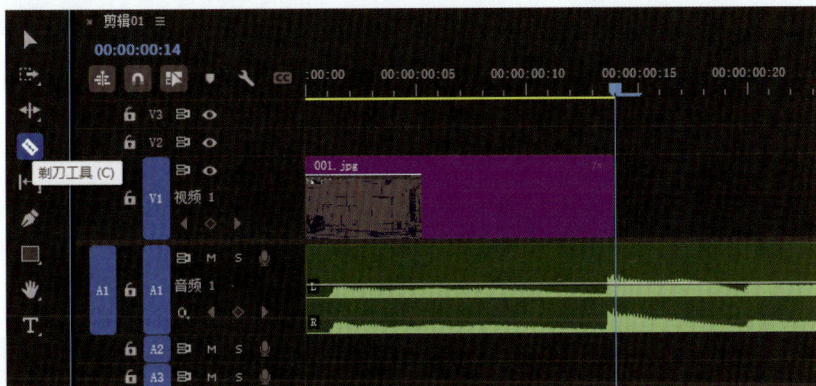

图3-24 工具栏上的"剃刀工具"

接下来，就可以继续把素材拖动到时间轴上了。

步骤4 把"002.jpg"图片素材拖入时间轴中，并将其放在"001.jpg"后面，此时会发现"002.jpg"在节目监视器中并没有完全显示出来。这是因为设置的序列大小是1920像素×1080像素，而"002.jpg"是2600像素×1456像素，素材比序列的尺寸大，所以超出的部分没有显示出来。

这种素材与序列尺寸不符的情况在剪辑中是很常见的，这就需要调整素材的大小、位置或角度，以使其适应和匹配序列的尺寸。

步骤5 在时间轴上选中要调整的"002.jpg"，在"属性"面板中，会显示出该素材的所有参数，如果Premiere的主界面中没有"属性"面板，只需要执行菜单的"窗口"→"属性"命令，就可以在主界面中打开

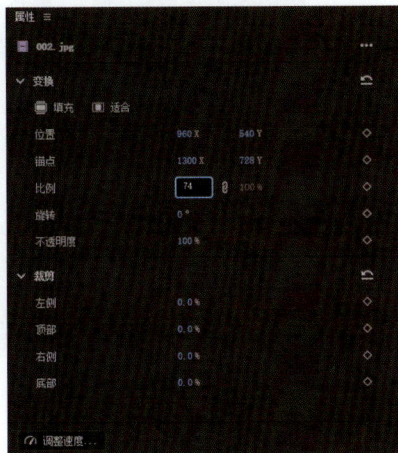

图3-25 属性面板

"属性"面板进行操作了。

步骤6 在"属性"面板中，将"002.jpg"的比例参数调整为74，即将素材缩小至原尺寸的74%，这样该素材就和序列大小保持一致了（图3-25）。

步骤7 将素材按照命名的顺序，对应音频波峰的位置，依次在时间轴上排列好。

前面所使用的素材都是图片，没有动态效果，因此用"剃刀工具"剪辑的时候，只会改变素材在时间轴上的时长，不会减少内容。而将序列图的文件拖入时间轴以后，因为其是动态的，所以如果还是用以前的剪裁方法，会删掉部分内容。

步骤8 在工具栏上用鼠标按住"波纹编辑工具"，在弹出的浮动菜单中选择"比率拉伸工具"，或者按下快捷键"R"键，把鼠标放在动态素材的结尾处拖拽，就可以通过改变动态素材的播放速度，来达到改变素材时长的目的（图3-26）。

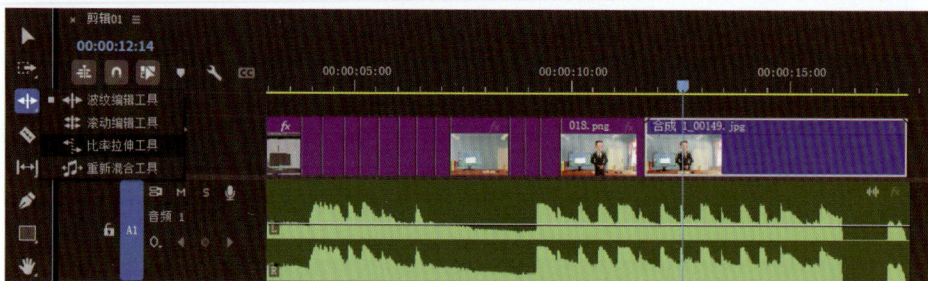

图3-26 比率拉伸工具

步骤9 因为背景音乐只有10秒时长，所以在排列好最后一个序列图素材后，要将超出10秒的部分剪掉。

步骤10 把已导入的"证件出场动画.mov"拖入时间轴的V2轨道，并将其放在整个剪辑视频的最后，因为该素材是有透明背景的mov格式，所以可以把下面V1轨道的画面透出来，这样就形成了两个素材合成在一起的效果（图3-27）。

图3-27 合成素材

3.3.3 成片输出

完成剪辑以后，就需要进行成片输出了。

目前短视频最常用的格式就是 mp4 格式，各大短视频平台也都推荐上传 mp4 或 flv 格式的视频，因为其可以在后台更快地实现转码。

步骤 1　在 Premiere 中点击一下时间轴，再执行菜单的"文件"→"导出"→"媒体"命令，或按下快捷键 Ctrl+M，就可以打开"导出设置"面板。

步骤 2　将"格式"设置为"H.264"，这样导出的视频就是 mp4 格式（图 3-28）。

图 3-28　导出设置面板

步骤 3　点击"位置"后面的路径，就可以打开"另存为"的窗口，设置导出视频的保存位置，并为其命名。

步骤 4　在基本视频设置中，视频的宽度和高度是与序列设置保持一致的，呈灰色不可调整状态。如果需要调整输出视频的宽度和高度，可以先取消勾选"帧大小"选项，并在下拉菜单中选择 Custom（自定义），然后就可以修改 W（宽度）和 H（高度）的数值了（图 3-29）。

有很多短视频平台对上传视频的体积大小有限制，因此在输出的时候，需要控制输出的视频文件的大小。

步骤 5　点击"长宽比"参数下方的"更多"按钮，在菜单下方找到"比特率设置"一栏，调整"目标比特率"的大小，数值越高，视频画质越好，但是视频的体积就越大，反之，视频画质降低，视频的体积就会相应变小。这时就需要根据短视频平台的要求来调整文件的大小。在调整"目标比特率"的时候，"导出设置"面板的右下角的"估计文件大小"也会有相应的改变，这一项是根据设置的参数来估计导出的文件大小，不一定准确，但是可以给剪辑师提供参考。

如果对导出视频的体积大小没有要求的话，可以将"目标比特率"设置为 20（图 3-30）。

图 3-29　设置视频宽度和高度

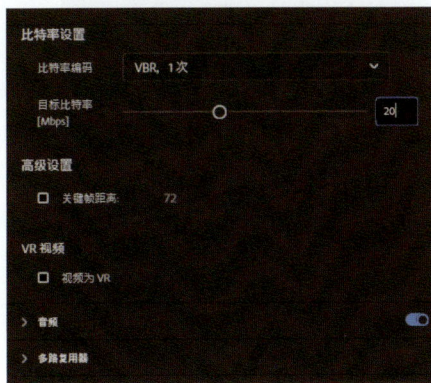

图 3-30　目标比特率设置

步骤 6　设置完毕以后，点击"导出"按钮，Premiere 会弹出"编码"窗口，开始渲染输出，窗口关闭即输出完成（图 3-31）。

图 **3-31**　编码渲染输出

最终完成的文件是本书配套素材中的"3.3- 基础剪辑 Final.prproj"文件。

3.4 ▶ 案例演示：竖版卡点视频剪辑

各大短视频平台都比较流行一种根据音乐节奏剪辑的视频形式，因为是卡着音乐的节奏点进行镜头的切换，所以这种视频被称为卡点视频。

视频教程

3.4.1　素材导入

因为该视频需要在手机端的短视频平台发布，所以需要将其制作为竖屏的。

步骤 1　执行菜单中的"文件"→"新建"→"序列"命令，在"新建序列"面板中的"设置"项中，将"帧大小"调整为 720 水平和 1280 垂直，然后按下"确定"按钮，这样就新建了一个宽为 720 像素、高为 1280 像素的竖屏视频序列（图 3-32）。

步骤 2　双击项目面板的空白区域，将图片素材都导入 Premiere 中。再找一段节奏比较强烈的音乐，也将它导入 Premiere 中（图 3-33）。

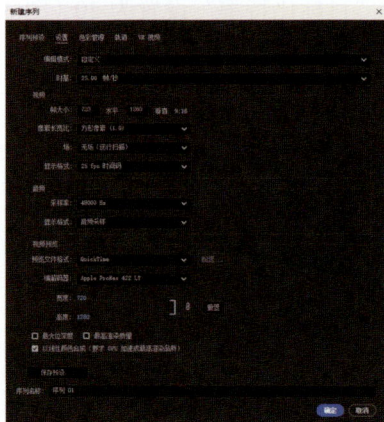

图 **3-32**　新建竖屏序列

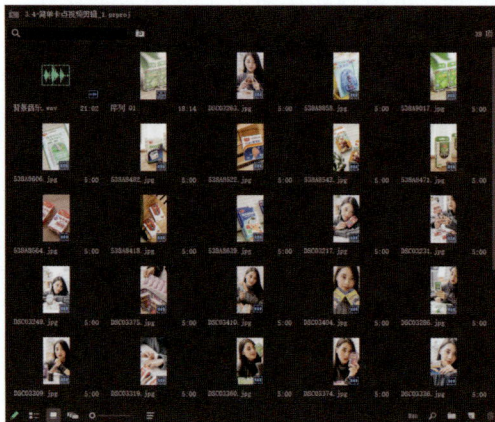

图 **3-33**　将素材导入项目面板中

Premiere 界面中的各个面板是可以进行自定义设置的，例如在面板的结合处拖动鼠标就可以调整面板的大小，还可以使用鼠标将面板拖拽到其他位置，或将其与其他面板合并。

步骤 3　因为这次剪辑的是竖屏视频，所以可以将"节目"面板放在界面的最右侧，以竖屏的形式排列，这样可以直观地看到竖屏画面效果（图 3-34）。

图 3-34　调整 Premiere 的面板排列

3.4.2　视频剪辑

卡点视频，其实就是针对音乐的节奏点进行剪辑的视频。先把背景音乐素材拖动到时间轴上，使用鼠标在两个音频轨道之间上下拖动，就可以调整轨道的高度，以便更清楚地观察。这个音频素材有多个波峰，每一个波峰都是一个清晰的节奏点，因此在剪辑的时候，只需要把剪辑点设置在音频素材的波峰处即可（图 3-35）。

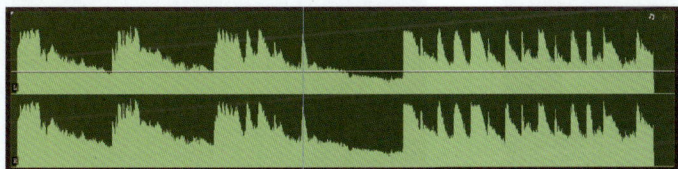

图 3-35　音频素材的波峰

步骤 1　将图片素材逐一拖动到时间轴上，并以音频波峰为剪切点进行剪辑。因为素材都是图片，所以可以使用"选择工具"，直接拖动图片在时间轴上的持续时间（图 3-36）。

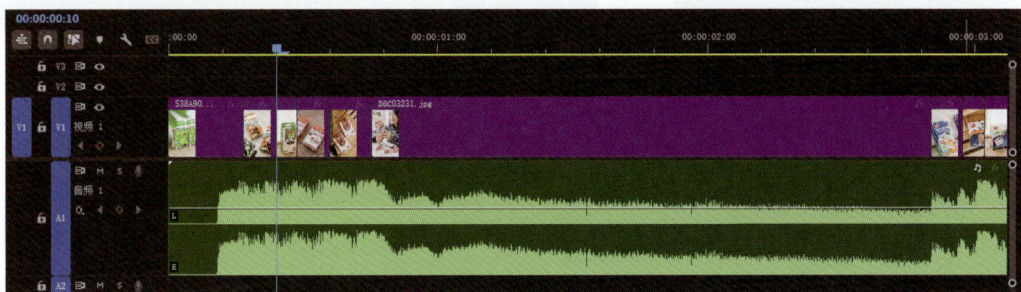

图 3-36　根据音乐节奏点进行剪辑

步骤 2 继续按照音乐节奏点进行剪辑。需要注意的是，不是所有的节奏点都要卡住的，只需要在波峰比较明显的地方剪辑就可以。有一些地方的音乐节奏点非常密集，如果无法看清波峰，可以直接对图片进行快速剪辑切换（图 3-37）。

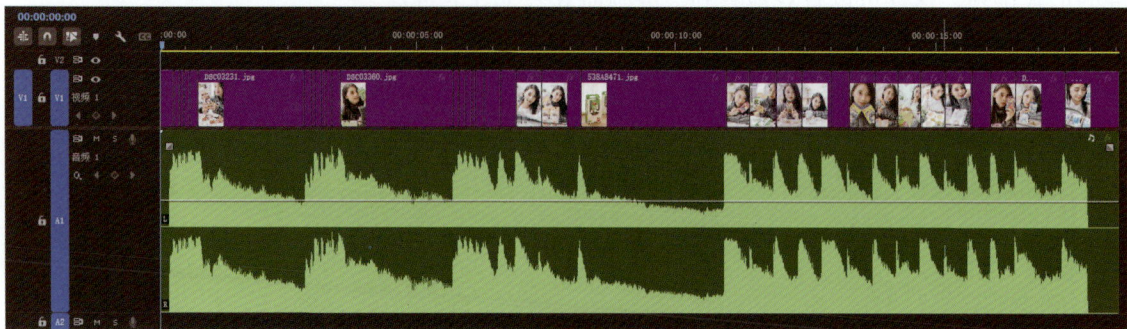

图 3-37 完成卡点剪辑

本案例中的图片较多，颜色差异较大，因此需要对它们进行统一调色。

步骤 3 执行菜单中的"文件"→"新建"→"调整图层"命令，也可以点击项目面板右下角的"新建项"按钮，在弹出来的菜单中点击"调整图层"，在项目面板中新建一个"调整图层"（图 3-38）。

步骤 4 将调整图层拖动到时间轴最上面的视频轨道上，并使用"选择工具"将其拖长，使其覆盖住下面的所有素材。选中时间轴上的调整图层，并打开"Lumetri 颜色"面板，将"色温"设置为 30，让整体色调偏暖一些；将"对比度"调整为 –100，让画面的亮部和暗部区分减弱；再将"饱和度"下调至 56.8，让画面偏灰一些，最后再把"晕影"中的"数量"设置为 3，让画面有一些自发光的效果（图 3-39）。

图 3-38 新建调整图层

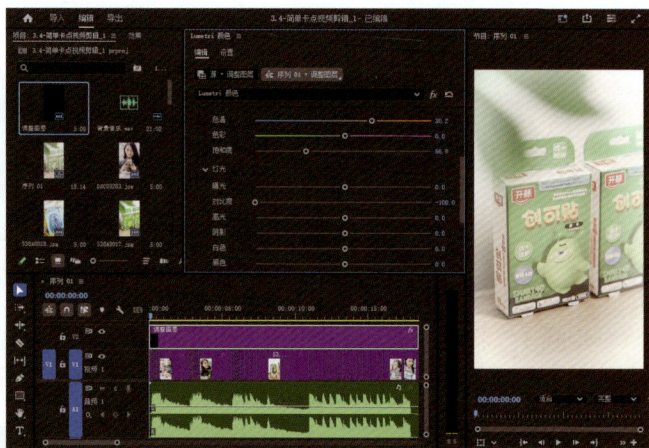

图 3-39 对画面进行调色

因为本案例中音乐节奏较快，且镜头的长度都很短，所以没有必要添加转场。

3.4.3 成片输出

步骤 1 点击 Premiere 界面左上角的"导出"，打开导出设置面板，设置好导出的"文件名"和导出"位置"（图 3-40）。

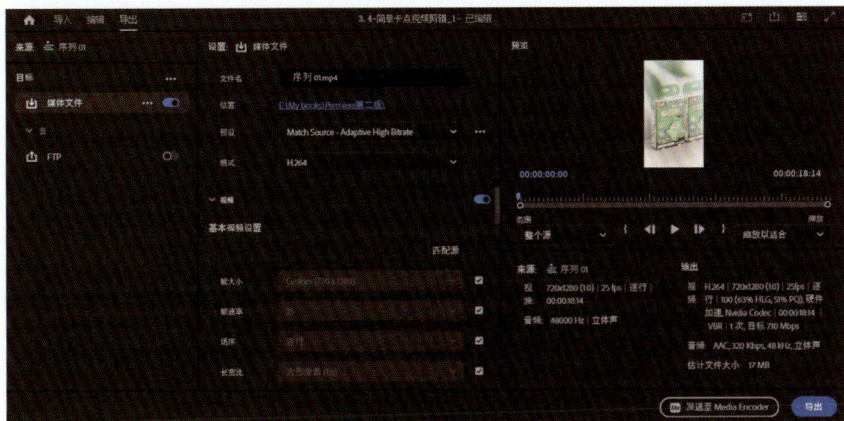

图 3-40　打开导出设置面板

步骤 2　如果需要在视频平台发布，就需要输出画面和音频质量都较高的文件。在"预设"的下拉菜单中，可以直接选择"Match Source - Adaptive High Bitrate"，即"匹配源 - 自适应高比特率"。也可以将视频的"目标比特率"调整为 20，将画质设置得更高。在"音频"面板中，将"比特率［kbps］"值设置为 320，音质会更高，但同时文件体积也会更大（图 3-41）。

图 3-41　设置视频和音频的比特率

步骤 3　调整完毕以后，按下"导出"按钮，Premiere 就会弹出编码进度窗口，开始对视频进行编码输出（图 3-42）。

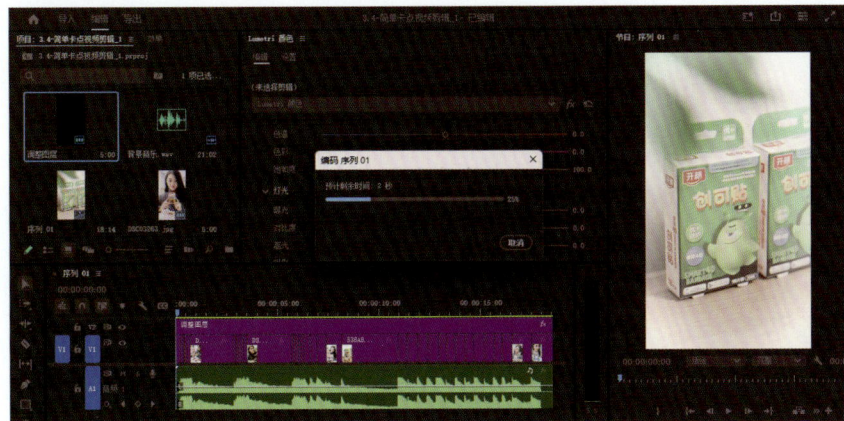

图 3-42　对视频进行编码输出

步骤 4　等输出完成以后，编码进度窗口会自动关闭。接下来就可以把该视频上传至不同的视频平台进行发布了。

最终完成的文件是本书配套素材中的"3.4-竖版卡点视频剪辑.prproj"文件。

本章 小结

　　本章的主要学习任务是 Premiere 素材的导入与处理，需要掌握的内容包括剪辑素材的类型和格式、Premiere 中的素材管理、多素材混合剪辑和竖屏卡点视频的剪辑。

　　在影视作品的剪辑和制作中，需要面对各种各样的素材并把它们有序整合在一起，因此，对素材的导入与处理就显得极为重要。

课后 拓展

　　1. 将自己以前用手机拍摄过的图片和视频素材进行整理，并制作自己的年度视频，总结一下在过去的一年里自己都做了哪些事。

　　2. 整理自己或某一位亲朋好友的照片，用卡点的形式，制作出一部个人成长过程的纪念视频。

第4章
Premiere剪辑与制作

- **知识目标** 了解影视剪辑和制作的基本流程
  熟悉使用Premiere进行影视剪辑的技术流程

- **能力目标** 具备计算机软件的基本操作能力
  具有较强的影视作品欣赏能力

- **素质目标** 主动了解国内影视制作技术的发展趋势，树立文化自信
  养成严谨的学习和工作态度，具有较强的创新意识

- **学习重点** 影视剪辑中镜头连接的方式
  Premiere中常用剪辑工具的使用方法
  不同镜头景别的特点

- **学习难点** 多镜头叙事中不同景别的使用方法

　　影视剪辑（film editing），即将影片制作中所拍摄的大量素材，经过选择、取舍、分解与组接，最终制作完成一部连贯流畅、含义明确、主题鲜明并有艺术感染力的影视作品。

　　剪辑制作一部影视作品，需要的素材量往往是巨大的。以前文中提到的《LOOK 君带你看第十一届全国少数民族传统体育运动会开幕式》的 vlog 为例，最终成片的时长是 4 分钟，但实际拍摄的视频素材达到了 236 个，总长度将近 2 小时，共 10.56GB（图 4-1）。

图 4-1　为制作 vlog 所拍摄的素材

　　很多视频素材在剪辑时不能直接使用，需要改变其播放速度，甚至进行倒放处理。

在之前的案例中，都是以背景音乐为主导，根据背景音乐的节奏、长度对视频作品进行剪辑的。但在实际的项目中，所有的一切都要为内容服务，例如一个美食视频，完整展示出来要3分钟，但是背景音乐的时长只有2分钟，这就需要对背景音乐进行剪辑。

4.1 ▸ 镜头连接的方式

在剪辑之前，需要先了解一下镜头之间是怎样进行连接的。

任何一部影视作品，都是由一个一个不同内容、角度、景别的镜头所组成的，要做到把这些镜头连接通顺，使观众看得明白，并能吸引观众的眼球，紧紧抓住观众的心，都要经过缜密的考虑、设计和组织，这就是镜头连续性的重要性。

镜头的连续性是指在视觉上、感觉上的连续性，要求在镜头的组合、段落的连接上，不能有生硬的痕迹。在表达每一个镜头画面时，必须将其看作整体视觉链中的具有连续性的一部分，使观众在观看影视作品时能够从局部到整体、从元素到构成、从单一到连贯，感受到它们之间的相互联系。

所谓镜头的连接就是指用相连的两个或两个以上的镜头顺畅地表现同一个主体的动作或事物发展的流程。

对于影视作品的创作者来说，连接镜头是创意性的工作，同样的镜头可以有不同的连接方法，连接不同的后续镜头会产生千差万别的效果。然而，无论怎样变化，镜头之间的关系都应有相应的依据，符合观众的认知规律，如果内容的解读很牵强，那么即使镜头形式再好，作品也是失败的。

正如电影理论家雷纳逊曾说过的：任何两个画面都是可以接在一起的，但是，只有当两个镜头的内在性质连在一起而出现一种实际的或哲学上的关系时，它们之间才会有一种有目的的连续性。

（1）动作的连接

镜头的连接侧重于外部画面的造型因素和主体动作的连续，也就是说，在两个或几个相互衔接的镜头中，利用动作趋向、时间连续、同一空间或者相似空间的连续来使上下镜头体现出连贯性。

例如第一个镜头是一个人从高处往下跳，下一个镜头是他落在地上，同样的动作连接了两个镜头，就会使观众感觉动作很流畅。但如果第二个镜头是这个人在握手，就会和第一个往下跳的动作连接不上。

（2）逻辑的连接

镜头的合理连接是以镜头之间的内在关联为前提的，只有这样，镜头连接才会呈现出有目的的连续性。这种内在关联就是镜头连接的逻辑性要求，具体而言，镜头连接要符合现实生活中的逻辑以及观众观赏时的思维逻辑。

比如第一个镜头是教师在讲台上说"上课"，那么下一个镜头就应该是学生起立说"老师好"，这样的镜头连接是符合观众的思维逻辑的。但假如前一个镜头是教师站在讲台上，下一个镜头却是一辆汽车在马路上行驶，这明显破坏了镜头的连续性，不符合观众的认知规律。

（3）视线的连接

视线是一条假想线。在影视作品中，视线连接角色的双眼与画面中吸引角色注意力的任何物体。

例如角色看向远处的轮船，下一个镜头切换到轮船的全景，又或者角色在认真地看书，下一个镜头切换到书本文字的特写，这些都属于视线连接，这是一种直接的呼应关系，观众很容易在人物视线和对象间建立联系。

眼睛是画面中观众最容易捕捉的内容，因此，如果角色看向某个地方，观众的视线也会随着角色的视线而转移，而且观众迫切地想知道角色看到的内容。

（4）声音的连接

因为影视作品不仅仅有画面，还有各种声音，所以声音在镜头的连接中有时候也会起到重要的作用。

当镜头转换时，利用前一镜头结束而后一镜头开始时声音的相同或相似性，作为过渡因素进行前后镜头组接，这种声音蒙太奇的镜头连接手法能形成较为生动、流畅和自然的效果。

例如听到国歌声，人们就会很自然地认为是哪里在举行升旗仪式，这样的话，下一个镜头切换到国旗飘扬或者升旗仪式的现场，两个镜头就能流畅地连接在一起。又或者听到整齐的朗读声，人们就会认为是学生在读书，那么下一个镜头切换到学校或者教室里就是顺理成章的。

4.2 ▶ 案例演示：多镜头叙事

本案例将讲述这样一个小事：想要喝水却发现杯子里没水了，于是去冰箱里拿了一瓶可乐，走回来倒进杯子里，把可乐喝掉。

步骤 1 在 Premiere 中新建一个标准 1080p 的序列，命名为"多镜头叙事"，把提供的 7 段视频以及图片和音频素材都导入项目面板中（图 4-2）。

步骤 2 将视频素材拖拽到时间轴上的时候，会弹出"剪辑不匹配警告"窗口，这是因为该序列是 1080p 的，而视频素材是 3840 像素 ×2160 像素的，比序列大很多，Premiere 会询问以哪个尺寸为主。这里选择"保持现有设置"，以序列的 1080p 尺寸为准（图 4-3）。

视频教程

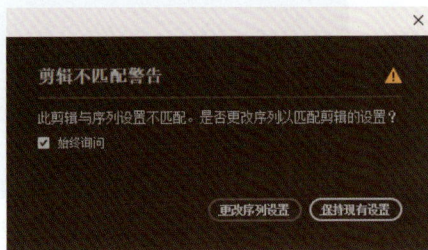

图 4-2　导入提供的剪辑素材

图 4-3　"剪辑不匹配警告"窗口

步骤 3 将第一个镜头放在时间轴最开始的位置，并将它的"缩放"值调整为 52。将时间滑块拖动到手拿着杯子开始落下的那一帧，并把后面的部分剪掉（图 4-4）。

步骤 4 把第二个镜头拖动到第一个镜头后面，将手拿杯子落下之前的部分删掉，使两个镜头的手部动作连接起来。预览播放一下，就会看到两个不一样的镜头，通过一个手拿杯子落下的动作，很自然地连接在一起了，这就是镜头连接中"动作的连接"（图4-5）。

图 4-4　剪辑第一个镜头

图 4-5　连接第一个和第二个镜头

　　步骤 5　第二个镜头的结尾是人走出画面，这里再接第三个镜头，即手伸向冰箱的镜头。这是镜头连接中"逻辑的连接"，即人走出画面，去了另一个地方，所以直接接冰箱的镜头，给观众的感觉就是人走到了冰箱那里，逻辑上是行得通的。将第三个镜头中左手拉开冰箱门、右手伸向冰箱后面的部分删掉（图4-6）。

　　步骤 6　第四个镜头是冰箱里的视角，手伸进来，拿走可乐，和上一个镜头中手伸向冰箱的动作连接上，这也是"动作的连接"（图4-7）。

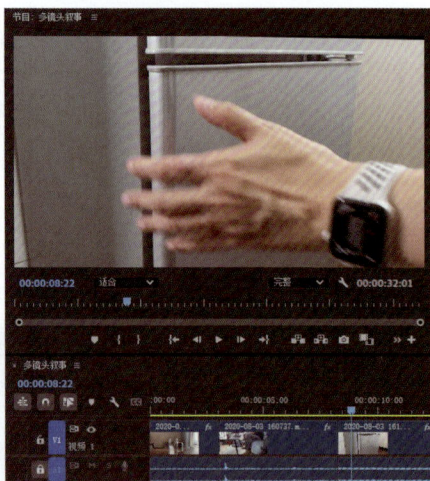

图 4-6　连接第二个和第三个镜头

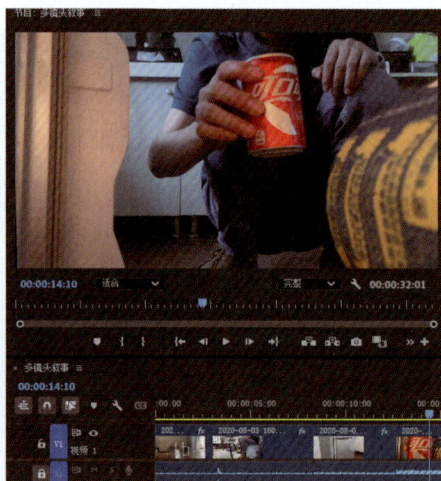

图 4-7　连接第三个和第四个镜头

　　步骤 7　拿到可乐以后，按照正常的逻辑，人应该回到桌前，因此可以直接接桌子的镜头，手拿可乐入镜，并把可乐打开（图4-8）。

　　步骤 8　打开可乐以后就可以喝了，但是这里接的是一个将可乐倒入杯子里的镜头，这也是合乎逻辑的（图4-9）。

图 4-8　连接两个镜头

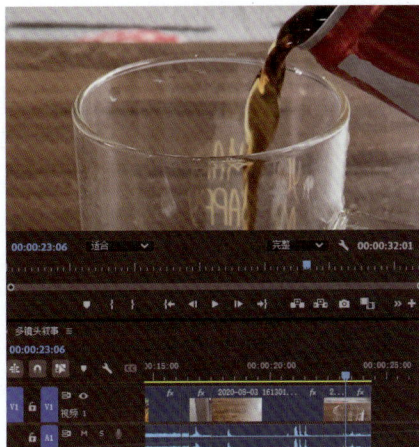

图 4-9　连接可乐的镜头

步骤 9　然后再接一个可乐倒满杯底的画面，这个画面与前一个画面其实都有倒可乐的声音，因此这里是用了声音做串联，也就是镜头连接中"声音的连接"（图 4-10）。

步骤 10　最后一个镜头的结尾是可乐倒完，杯子被拿出画面，这时可以给空桌子添加可乐的 logo，以及喝水的画外音，这个叙事就完成了。

步骤 11　剪辑完成以后，还可以添加调整图层，对画面整体进行调色。完成画面的制作以后，把背景音乐文件"BGM4.2.mp4"拖拽到音轨层，减去多余的部分，给短片添加完整的背景音乐效果（图 4-11）。

图 4-10　连接倒可乐的镜头

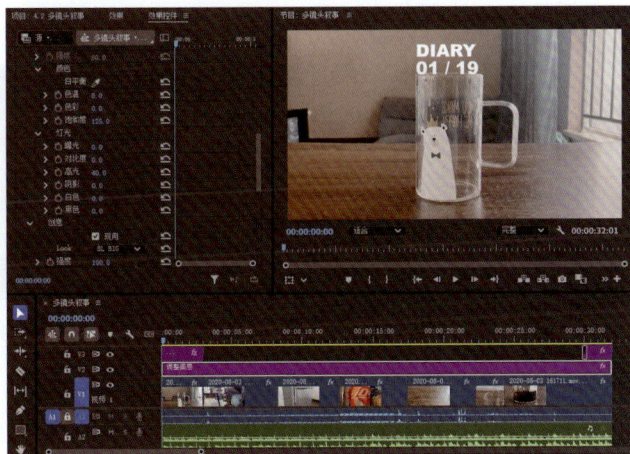

图 4-11　添加背景音乐

步骤 12　完成所有的制作步骤以后，进入"导出"面板，对短片进行导出。
最终完成的文件是本书配套素材中的"4.2 多镜头叙事 .prproj"文件。

4.3 ▶ 播放速度的调整和倒放的设置

在 Premiere 中，对素材播放速度、倒放的设置都在"剪辑速度 / 持续时间"面板中完成。
在时间轴上选中要调整的素材，按下鼠标右键，在弹出的浮动菜单中，点击"速度 / 持续时间"命令（图 4-12）。也可以通过执行菜单中的"剪辑"→"速度 / 持续时间"命令，或者直接按下键盘上的 Ctrl+R 键（Windows）或 command+R 键（macOS）来打开"剪辑速度 / 持续时间"面板。

在"剪辑速度 / 持续时间"面板中，"速度"用于控制素材的播放速度，数值越高，播放速度越快，反之则播放速度越慢。调整完速度参数以后，下面的"持续时间"选项中会显示素材调整后的具体时长（图 4-13）。

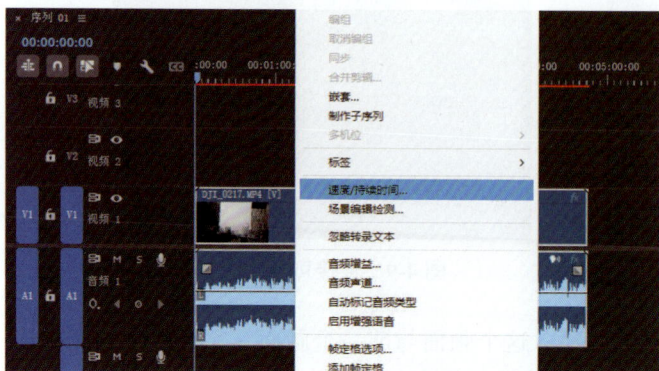

图 4-12　点击"速度 / 持续时间"命令　　　　图 4-13　　"剪辑速度 / 持续时间"面板

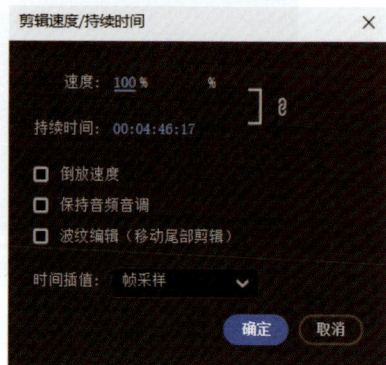

这种直接输入数值的方式并不能精确控制镜头的时长，例如想将一个 9 秒 12 帧的镜头快放，使之时长变为 5 秒，就很难只靠输入百分比去控制。

长按工具栏上的"波纹编辑工具"，在弹出的浮动菜单中选择"比率拉伸工具"，使用它在时间轴上拖动素材的一侧，就可以直观地控制镜头的时长，并根据调整后的时长，自动计算出播放速度的百分比（图 4-14）。

图 4-14　使用"比率拉伸工具"拖动素材

如果需要将视频或音频素材倒放，可以选中素材，进入"剪辑速度 / 持续时间"面板中，勾选"倒放速度"并按下确定按钮，这时素材在时间轴上会显示"［﹣100%］"字样，这就表示该素材已经是倒放的状态了（图 4-15）。

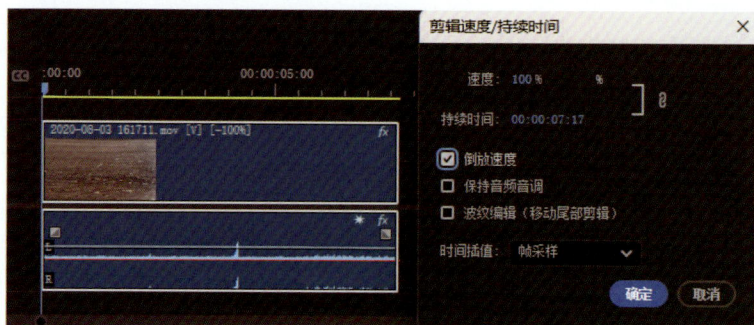

图 4-15　倒放的设置

如果是音频文件，改变播放速度后，音调会发生很大的改变，快放时声音会变得高而尖，慢放时声音会变得低且沉，如果想让声音音调不变，可以在调整完声音的播放速度以后，进入"剪辑速度/持续时间"面板中，勾选"保持音频音调"并按下确定按钮（图4-16）。

4.4 ▶ 案例演示：充满动感的路上

笔者在上班的时候，用行车记录仪拍下了行驶在路上的全过程。这段视频长达5分钟，现在笔者想把它压缩在15秒左右，体现出上班的紧迫性，同时增加画面的动感（图4-17）。

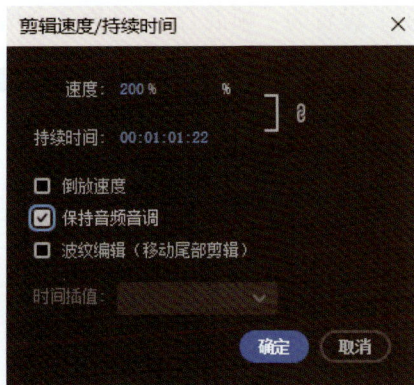

图4-16　音频素材保持音调不变的设置

图4-17　原始素材

步骤1　在Premiere中新建一个项目，并新建一个标准1080p的序列。

因为序列是1080p尺寸，而原始素材是4K的，所以当把素材拖入序列的时间轴上时，会弹出"剪辑不匹配警告"窗口，询问以哪个尺寸为主。这里选择"保持现有设置"，以序列的1080p尺寸为准。

步骤2　将素材拖到时间轴上以后，因为其本身尺寸比序列大，所以可以在不调整画面大小的情况下调整素材的位置，进行二次构图。在时间轴上选中素材，进入"效果控件"面板，调整"位置"后面的两个参数，将画面调整到合适的位置（图4-18）。

图4-18　调整素材位置

步骤3　在时间轴上用鼠标右键点击素材，点击"速度/持续时间"命令，弹出"剪辑速度/持续时间"面板。将"速度"参数调整为1900%，即加速19倍进行播放。再将"时间插值"设置为"帧混合"，画面就会增加运动模糊效果，速度感更强（图 4-19）。

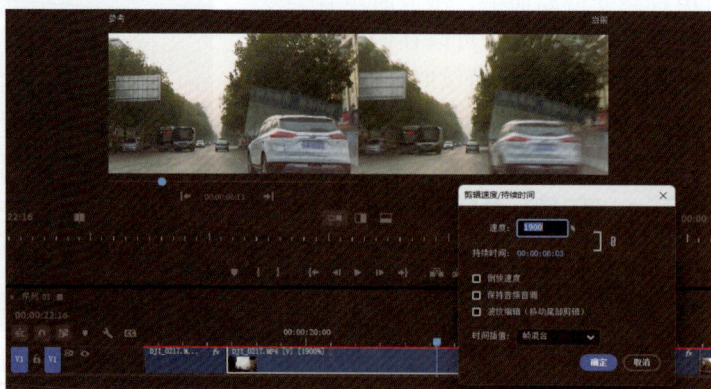

图 4-19　将"时间插值"设置为"帧混合"

步骤 4　这时按下空格键预览，会发现画面变得非常卡顿，这是因为播放速度加快了十几倍，电脑计算比较吃力。可以点击节目面板右下方的下拉菜单，将"完整"改为"1/4"，这样预览的画质就变为完整画质的四分之一，能够极大地节省系统资源。

步骤 5　素材中间有一段等红灯的内容，会使整个画面停顿一下，可以直接将等红灯的部分删除，让整段画面的运动效果更加流畅（图 4-20）。

图 4-20　剪掉等红灯的部分

步骤 6　使用"剃刀工具"，在进入单位大门的位置将素材剪开，并右键单击后面的部分，选择"速度/持续时间"命令，在"剪辑速度/持续时间"面板中，将速度调整为 100%，切换回正常速度。这样片子先以超快的播放速度表现上班路上的急迫感，而后在进入单位大门的那一刻又切回正常的播放速度，这样就增加了片子的节奏变化（图 4-21）。

图 4-21　在进单位大门时切换为正常速度

步骤 7 导入背景音乐，这是一段赛车游戏的音乐，前两秒是准备的声音，所以将前两秒的视频也用正常速度播放，这就使整个短片的节奏有了"慢 - 快 - 慢"的变化。

步骤 8 由于播放速度的加快，视频素材自带的音频会出现尖锐的变化，可以激活该音轨前面的"M"按钮，将该音轨静音，只保留另一音轨上背景音乐的声音（图 4-22）。

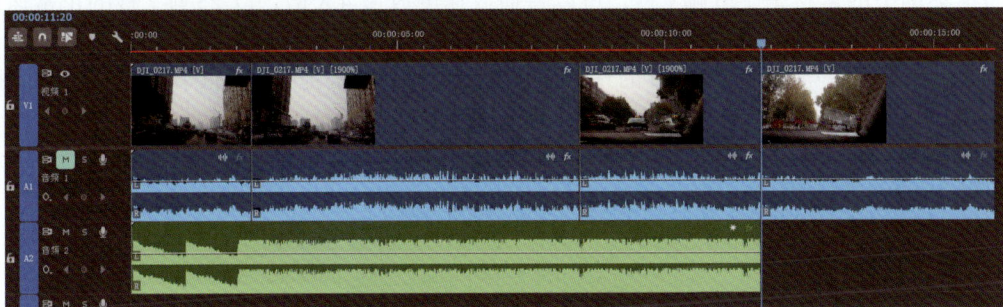

图 4-22　调整背景音乐

步骤 9 在全部剪辑制作完成以后，进入"导出"界面，输出视频。

最终完成的文件是本书配套素材中的"4.4- 充满动感的路上 .prproj"文件。

4.5 ▶ 案例演示：飞起的耳机

在 Premiere 中可以对视频进行倒放，很多在现实中难以实现的效果，可以通过倒放来实现。

本案例想完成的效果是：双手拍在桌子上，将盒子里的耳机震出来。

在现实中，除非手劲很大，或者桌子是弹性材料特制的，否则根本不可能实现这样的效果。反过来想，先把双手放在桌子上，等耳机落到盒子里，再把手抬起来，最后在 Premiere 中将该动作倒放，就能生成双手将耳机震出来的效果。

但是，因为耳机落下的速度较快，如果希望得到较好效果的话，不但需要倒放，还需要放慢耳机下落的速度。

步骤 1 将视频素材导入 Premiere 中，在"项目"面板中用鼠标右键点击素材，在浮动菜单中点击"媒体文件属性"命令，可以查看该素材的所有参数。其中"帧速率"为 119.99，即每秒钟有 120 帧（图 4-23）。

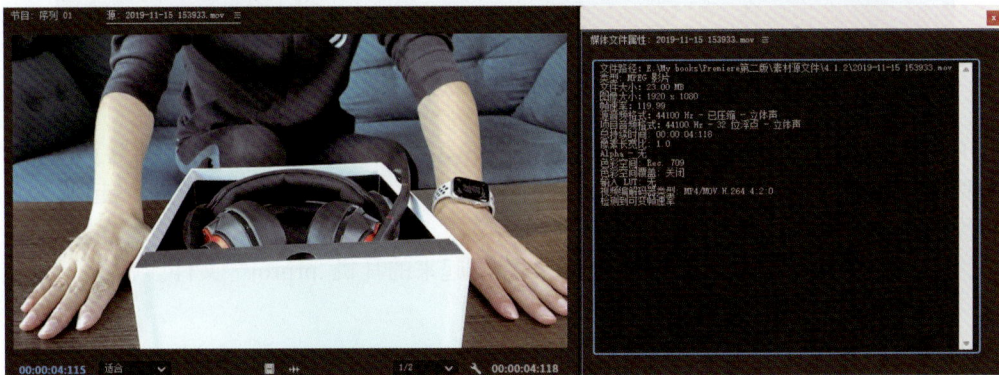

图 4-23　查看素材的属性

这种高帧速率的镜头一般被称为升格镜头，升格镜头指的是电影摄影中的一种技术手段，即以高于正常 24 帧 / 秒的帧速率进行拍摄。这种镜头最大的优点就是可以在剪辑软件中放慢播放速度，进行慢动作播放。

普通的 25 帧 / 秒的视频，如果播放速度慢一倍，就会变成 12.5 帧 / 秒，流畅度会大大降低。而本案例中的素材是 120 帧 / 秒，可以将播放速度放慢 4.8 倍，以 25 帧 / 秒的正常速度播放，能够保证视频的流畅度。

步骤 2 新建一个标准 1080p 的序列，并将该视频素材拖拽到时间轴上，按下快捷键 Ctrl+R 键（Windows）或 command+R 键（macOS），打开"剪辑速度 / 持续时间"面板，勾选"倒放速度"选项，并按下"确定"键，这时时间轴上的素材就会显示为"－100%"，进行倒放（图 4-24）。

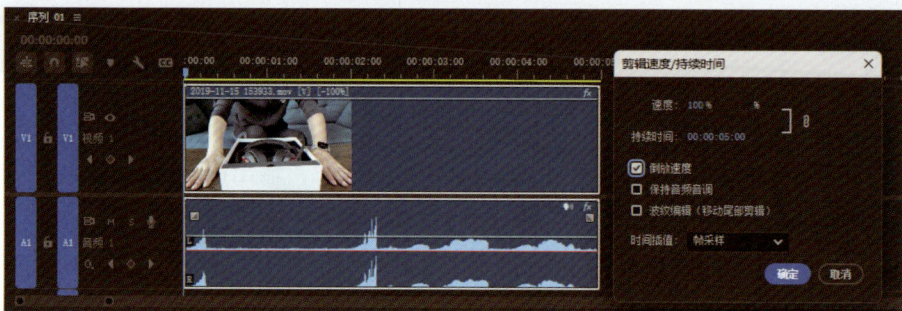

图 4-24 倒放设置

倒放后的视频其实分两部分，第一部分是手落在桌子上的镜头，这部分可以用正常速度播放，而后面的部分是耳机飞起来的镜头，因为速度太快，所以需要对其进行慢放处理。

步骤 3 先使用"剃刀工具"将视频裁剪开，再选中后面耳机飞起来的部分，在"剪辑速度 / 持续时间"面板中将"速度"修改为 20%，使其播放速度放慢 5 倍（图 4-25）。

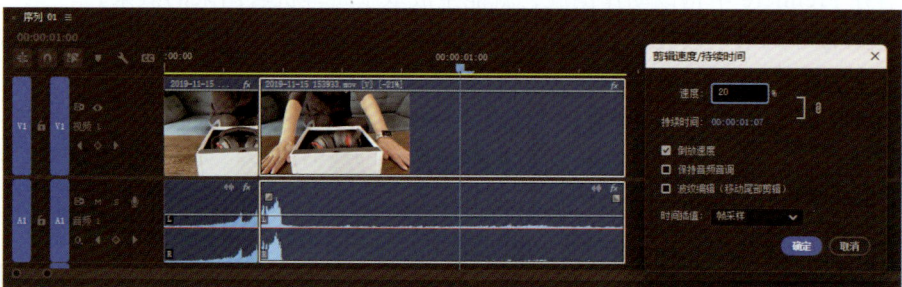

图 4-25 调整倒放速度

按下空格键播放，就可以看到手用力地拍了下桌子，耳机以慢动作的效果飞了起来。

步骤 4 因为拍摄时有时间差，因此手拍到桌子上以后顿了一下，耳机才飞起来，所以可以再细致地把多出来的几帧删掉。

最终完成的文件是本书配套素材中的"4.5- 飞起来的耳机 .prproj"文件。

4.6 ▶ 镜头景别

景别是指摄像机与被摄体的距离不同而造成被摄体在摄像机寻像器中所呈现出的范围大

小的区别。

在影视作品中,景别的划分,一般都是以人物或角色出现在画面中的部分来定的,概括起来可分为五种,由近至远分别为:特写(指人体颈部以上)、近景(指人体胸部以上)、中景(指人体膝部以上)、全景(人体的全部和周围背景)、远景(被摄体所处环境)。但在实际应用中,还细化出大特写、中特写、全特写、宽特写、中近景、中全景等更多不同的景别(图4-26)。

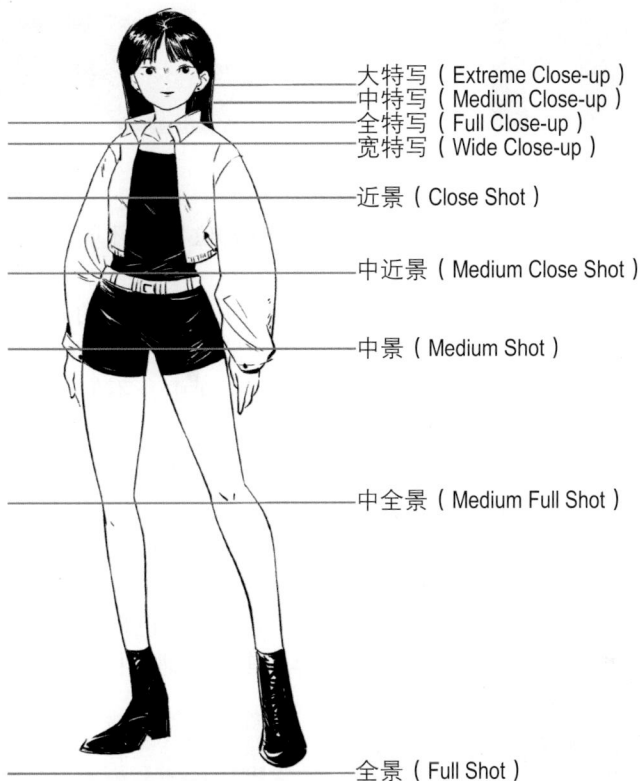

图 4-26 不同景别示意图

在影视作品中,导演利用复杂多变的场面调度和镜头调度,交替地使用各种不同的景别,可以使影片剧情的叙述、人物思想感情的表达、人物关系的处理更具有表现力,从而增强影片的艺术感染力。

远景(long shot):远景也被称为广景,用来表现场景的全貌与人物的全身动作。它展示了该影视作品的地点(在哪发生)、主体物(人物或角色)、时间(在什么时候发生)以及剧情(发生了什么事)。由于远景中的信息量最大,包含了一部影视作品的所有元素,因此,全景镜头是最重要的镜头。

远景的范围较大,可以把角色的体型、衣着打扮、身份展现得比较清楚,使观众看清环境、道具等要素,因此大多数影视作品的开端、结尾部分都会使用远景镜头(图4-27)。

最极限的远景被称为"极大远景",最典型的用法是表现地域的广袤,比如一座城市的天际线,一片田野的地平线,一片大海的海平线等。在很多影视作品中,往往用一个极大远景的镜头去交代影片发生的地点,以及烘托并展示影片宏大的视觉效果。

全景(full shot):画面能够完整地展示出角色从头部到脚部的全身形象,还会包含一些场景。在影视作品中，全景镜头一般都会把角色整体置于画面中，尽量避免角色的头或脚等身体的一部分在画面以外（图4-28）。

图4-27　远景

图4-28　全景

全景的主要作用，是展现角色的肢体语言、所处位置和环境等，因此在全景镜头中，也要尽量避免出现角色过于丰富的表情。

中景（medium shot）：画面能够展示出角色从头部到腰部的身体部分，重点表现人物的上身动作，是所有景别中使用频率最高、叙事功能最强的。中景的特点决定了它可以更好地表现人物的身份、动作以及动作的目的。在中景的画面中，不但能展示出角色的姿势和肢体语言，还可以捕捉到角色面部表情的变化（图4-29）。

在多人对话的镜头中，中景是主要的景别。可以全方位地展现角色的口型、表情，以及细微或夸张的肢体动作，甚至还可以展示与其对话的另一角色的背部动作。

在中景的画面中，一般不要超过5个角色，否则就会造成角色之间相互重叠。

近景（close shot）：画面能够展示出角色从头部到胸部的身体部分，能让人清楚地看到人物的细微动作。近景着重表现人物的面部表情，是刻画角色性格最有力的景别。近景角色一般只有一人是画面主体，其他人物往往作为陪体或前景处理（图4-30）。

图4-29　中景

图4-30　近景

在表现角色的时候，近景画面中主要角色占据一半以上的画幅，这时，角色的头部尤其是眼睛将成为观众注意的重点。近景常被用来细致地表现角色的面部神态和情绪。

在近景画面中，环境空间被淡化，处于陪衬的地位。在很多情况下，可以将背景虚化，增加景深效果。这时背景环境中的各种造型元素都只有模糊的轮廓，更有利于突出主体。

特写（close-up）：强调角色的面部或其他部位的镜头，能细微地表现人物的面部表情，刻画人物，表现复杂的人物关系。特写镜头是电影画面中视距最近的镜头，因其取景范围小，画面内容单一，可使表现对象从周围环境中凸显出来，形成清晰的视觉形象，得到强调的效果（图4-31）。

图 4-31　特写

特写镜头能表现人物细微的情绪变化，揭示人物心灵瞬间的动向，使观众在视觉和心理上受到强烈的感染。

最极限的特写镜头被称为"大特写（extreme close-up）"，一般用于展示角色面部的细节，比如眼睛、嘴，或者用于展示某一件物品的细节，例如花瓶上的图案、墙角的一块石头等。这种大特写镜头可以用于提升情绪或气氛的场景中。

4.7 ▶ 案例演示：快剪旅途

在进行多镜头剪辑的时候，景别不要一成不变。如果一直是近景或远景镜头，那么观众很容易陷入视觉疲劳。合理的远近结合，让镜头一会儿拉近一会儿放远，就可以让画面更灵动，内容更充实。

视频教程

比如拍摄一个人上车的场景，可以先拍这个人走向车的全景镜头，然后将镜头改为近景甚至特写，拍摄手拉车门的动作，再拍脚部抬起、跨上车的特写动作，最后再用中景拍摄人进入车内的镜头。整个视频由多个镜头组成，而且让景别有了变化。

拍摄一些很简单的事情，不仅需要进行镜头的拆分，还要将整个动作都拆分。

比如洗脸是一件很常见的事，在生活中可能这是一气呵成的一系列动作，可是在 vlog 里面需要把动作拆分：拧卫生间门把手，进门，看看镜子，打开水龙头，手接水，用水冲洗脸，拿起洗面奶，挤洗面奶，搓出泡沫，抹脸，冲洗干净，拿毛巾，擦脸等。

如果想让自己制作的快闪 vlog 水平再提高一些，可以从运动镜头的设计开始，让多个运动镜头进行衔接，常用的方式有以下几种：

①发现：先拍一些远离情节中心的镜头，然后通过镜头运动来展现的一个场景。

例如，先拍摄床头柜上边响起的闹钟，这时候一只手伸向闹钟，然后通过镜头移动，发现了床上的主人公，之后展开故事情节……

②镜头后拉：情节中心一直在画面中，拍摄设备向后移动，用来展示一个场景的真实所处范围，使观众理解角色或者情节所处的环境。

例如，拍一个女孩子品尝当地美食，可以先拍吃东西的细节，比如把食物送到嘴中，然后镜头后拉，展示女孩子的座位，再后拉，展示店家以及拥挤的人群……

③镜头推进：拍摄设备不断向前推，用来展示主人公的主观视角向前移动，多用于旅游、街拍等需要运动的主题。

例如，拍一个出门远行的主题，可以把镜头向前推，推到门口，打开家门走向前面的街道，上出租车，到达目的地后一直向前走，镜头逐渐推向远方的美景……

本案例要展示的是出行过程，先搭乘地铁去高铁站，再乘坐高铁去目的地，全程使用快剪的形式，在 20 秒内展示完毕。

步骤1 整个案例视频从进入地铁站开始，将一段时间长达 46 秒的下楼梯视频素材作为全片的开头部分，剪辑时打开"剪辑速度 / 持续时间"面板，将它的"持续时间"改为 3 秒，并将"时间插值"类型改为"帧混合"，增加画面的动感（图 4-32）。

图 4-32　调整开头素材的速度

步骤2 进入地铁站以后，就可以接上买票的素材，这里可以尝试使用变速的效果来制作。将该素材用"剃刀工具"裁剪为 3 段，前后两段都只加速到 300%，而中间的一段加速到 2000%，就可以形成先缓慢推进，然后快速向前推进，再放慢速度的"慢 - 快 - 慢"的播放效果，以增加画面的节奏感。将三段素材的"时间插值"类型都改为"帧混合"（图 4-33）。

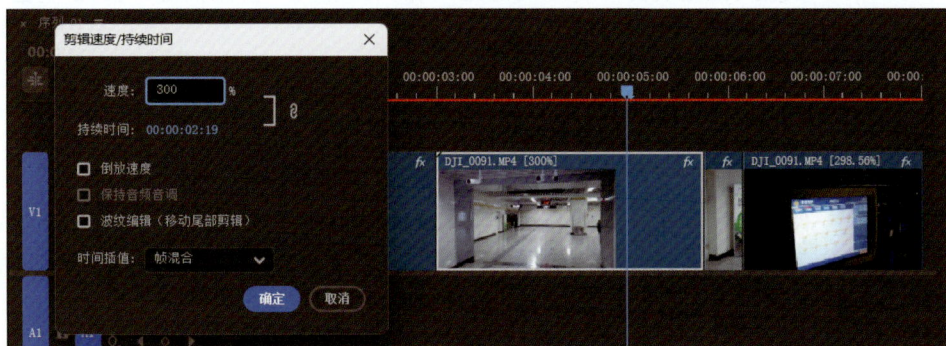

图 4-33　调整素材的变速效果

步骤3 接下来，可以按逻辑进行一组镜头画面的快速剪辑。大家可以想一下，拿到地铁票以后，接下来要做什么？一般会是刷卡、找站台、等地铁进站，所以这几个镜头画面就可以依次排列在时间轴上（图 4-34）。

图 4-34　一组快速剪辑

步骤4 继续以线性的思路进行剪辑，例如进入车厢、坐在地铁内、到站、出地铁、乘扶梯、进高铁站等，这一过程其实没有太多实质性的内容，可以快速剪辑（图 4-35）。

图 4-35　快速剪辑

步骤 5　然后，再剪辑一组高铁站的镜头，例如展示车票、走进车厢、列车员查票等（图4-36）。

图 4-36　高铁站快速剪辑

步骤 6　最后，可以加入高铁抵达站点的镜头，以展示到达目的地。

关于背景音乐，一般有两种选择。一是在剪辑之前，先找好背景音乐，根据节奏点进行剪辑。二是剪辑完成以后，再添加合适的背景音乐。这两种形式没有对错之分，剪辑师可以根据个人喜好来制作。制作完成的工程文件如图4-37所示。

图 4-37　本案例的工程文件

最终完成的文件是本书配套素材中的"4.7-快剪旅途 .prproj"文件。

4.8 ▶ 综合案例演示：美食短视频剪辑与制作

美食的制作过程是美食短视频的重中之重。一般情况下，一个美食短视频的时长为2~5分钟，在这么短的时间内，要展示每一个制作步骤，并让观众有耐心看下去。

在剪辑制作之前，要先把拍摄的素材完整看一遍。如果是要制作一部比较细致的片子，在条件允许的情况下，同一个场景、机位和步骤，往往会拍摄好几遍（图4-38）。

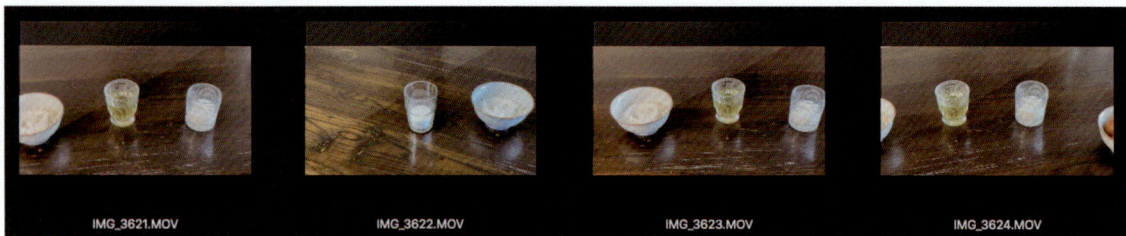

图 4-38　原料展示的镜头拍摄了 4 遍

在本案例的中期拍摄中，不但运用了运动镜头，而且在其他的固定镜头中，制作人员、道具、原料也都是运动的。在前期的素材筛选中，要特别注意镜头是否有抖动，以及拍摄的画质是否因运动过快出现动态模糊，如果视频画质不佳，最好不要在制作中使用（图 4-39）。

图 4-39　左图为抖动无法使用的镜头素材

4.8.1　画面剪辑

筛选完素材后，就可以导入 Premiere 中进行制作了。初学者可能会执着于是将所有素材都导入 Premiere 软件中去筛选，还是在硬盘中筛选完再导入 Premiere 中。其实这跟剪辑师的制作习惯有关。建议先在硬盘中使用播放软件查看视频并进行筛选，然后再把需要的素材导入 Premiere 中，这样可以保证 Premiere 项目面板的整洁和清晰。

步骤 1　打开 Premiere 软件，新建一个名为"美食短视频剪辑"的项目，使用"HD 1080p 25 fps"的预设创建一个"美食短视频剪辑"的标准 1080p 序列。

拍摄的时候，手机会自动记录下声音。有些环境音是可以保留的，但有些镜头中会夹杂拍摄人员的说话声，这些肯定是要去掉的。

步骤 2　将镜头素材拖入时间轴中，同一个素材会有视频和音频两个轨道。正常情况下，这两个轨道是链接在一起的，如果需要将音频删除，可以点击右键，在弹出的菜单中点击"取消链接"命令，这样音频和视频就可以被单独选中编辑了（图 4-40）。将不需要的有人声的音频剪掉或删除，只保留视频就可以了。

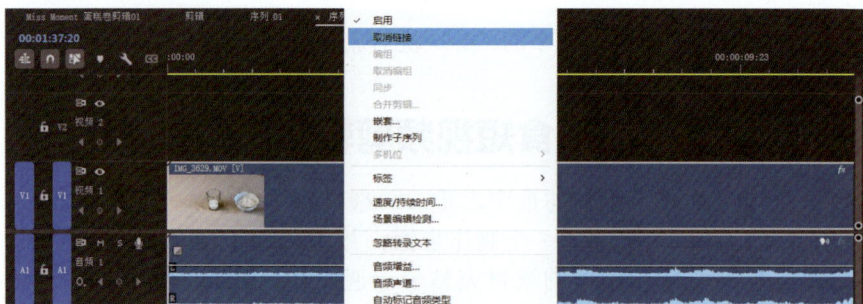

图 4-40　取消链接

　Premiere 影视剪辑制作（第二版）

首先，通过摇镜头的方式展示5种制作美食的原材料，然后就要进入正式的视频制作环节了。

步骤3 脚本中镜头4的内容是"磕开鸡蛋的蛋壳，并分离蛋黄和蛋清"，在这个步骤中因为要磕开4个鸡蛋，所以换了多个景别进行拍摄，视频素材比较多。第一个镜头使用全景，展示桌子上摆放的各种原料和道具。下一个镜头可以跟特写，但是要注意的是，一定要把制作人员的手部动作连起来。例如本案例中选择的连接点是鸡蛋磕开以后将蛋黄往另一半蛋壳里倒的一瞬间。相连的两个镜头中动作保持一致的话，观众就能很自然地将两个镜头连接起来（图4-41）。

图4-41 两个镜头的连接点

步骤4 分离完蛋黄和蛋清以后，需要有一个展示的镜头，可以用全景来展示（图4-42）。

图4-42 展示分离的蛋黄和蛋清

步骤5 如果一直展示制作过程，难免有些单调。可以穿插一些制作人员的镜头，使内容更加丰富，借此也可以增加短视频的情节性（图4-43）。

图4-43 适当穿插一些制作人员的镜头

步骤6 接下来的几个步骤都是长时间地充分搅拌，如果直接去展示，一个步骤就要1分钟以上，时间太久。一般来说，这种情况有两种处理方式。

第一种是将开始搅拌和搅拌完成的两部分剪开，将中间的搅拌部分加速，即把1分钟的镜头加速10倍，用6秒就播放完成，但如果整片是慢节奏的悠闲风格的话，画面突然加速过快会影响整片的氛围。

第二种是直接把中间部分去掉，开头和结尾部分多保留一些内容，按照正常播放速度，通过"交叉溶解"的转场，将两部分结合在一起（图4-44）。

图4-44　处理长镜头

步骤7　在剪辑制作的时候，可以和美食制作人员一起沟通交流，多听取一些他们的想法。例如通过交流得知，在展示打奶油步骤的过程中，使用电动打蛋器完成搅拌并将其提起来的时候，奶油表面会呈现出一个尖尖的形状，这就是奶油打好了的标志，因此这个尖尖的形状要着重展示（图4-45）。

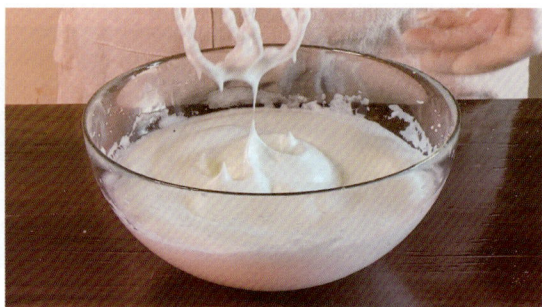

图4-45　奶油尖尖形状的特写展示镜头

步骤8　在展示烤制步骤时，为了表现时间的流逝，在把托盘放入烤箱以后，穿插了一段城市的延时摄影，展示了天空中云的流动和车水马龙的街景，然后再接烤箱中的延时摄影镜头，展示面糊逐渐变化的过程，最后再接把烤箱打开，戴着隔热手套的双手将托盘从烤箱中拿出的镜头。这样就通过剪辑将几十分钟的烤制时间缩短为20秒左右（图4-46）。

图4-46　使用延时摄影来展示烤制过程

步骤9　脚本中镜头15的内容是"将奶油平涂在蛋糕底的表面"。在实际的拍摄中，该步骤的时长达到了1分17秒。通过观看视频素材发现，这个步骤的内容就是从旁边的玻璃碗中盛出一块奶油，再放在蛋糕表面，如此重复了五六次。通过剪辑，只保留把奶油放在蛋糕表面的动作，这样就可以节省展示时间（图4-47）。

图4-47　剪辑铺奶油的过程

　　步骤10　剪辑美食短视频的时候，一定要让每个镜头都有适当的运动。但是这种运动不是随意的运动，而是有章法、讲究技巧的运动。比如说在奶油蛋糕卷结束制作以后，需要展示摆盘效果，如果直接切换到摆好盘的画面就会有点突兀，这时最好加入摆盘过程的画面，例如制作人员用双手将切好的奶油蛋糕卷轻轻放在盘子上。这样细节性的呈现形式，往往能唤起观众对食物的兴趣，并收获不错的效果（图4-48）。

图4-48　剪辑摆盘的过程

　　步骤11　片尾部分是要充分展示美食的，可以视素材的多少来进行多景别的切换。如果有特意设计过的效果，也可以用上。本案例在拍摄中，记录了一场逐渐将所有照明设备都关闭的动态过程，该镜头就用在了片尾处（图4-49）。

图4-49　片尾展示部分的剪辑

　　步骤12　粗剪完正片以后从头到尾看一遍，可以发现全片节奏比较紧凑，时长为2分48

秒。也可以让一些朋友一起观看，为粗剪的正片提提意见。如发现有必须调整的地方，或者有提升作品效果的良好建议，应权衡利弊后及时进行完善（图4-50）。

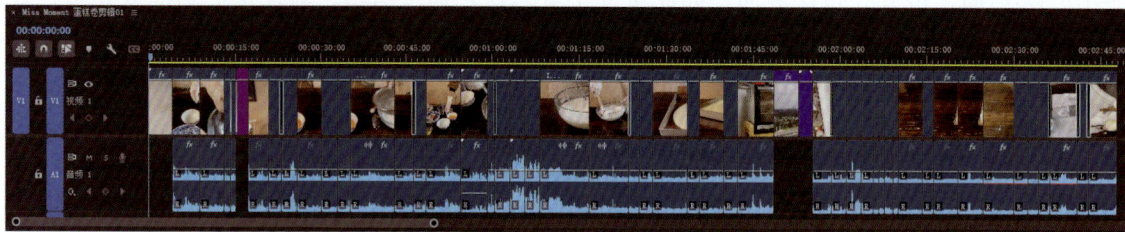

图 4-50　正片粗剪完以后的工程文件

4.8.2　背景音乐和声音剪辑

为了让整个视频看起来更加完美、和谐，在短视频制作后期通常要给视频加入背景音乐。需要注意的是，加入背景音乐的目的是让视频整体更丰满，所以在选择背景音乐时，一定要根据视频的内容以及整体的调性进行挑选，不能使背景音乐与视频内容产生割裂感。另外，拍摄时录下的环境音也要保留，例如搅拌器和玻璃器皿的碰撞声，会使观众更有代入感。

奶油蛋糕卷是一款下午茶甜点，因此整片的风格应该是比较轻松、悠闲，甚至有点欢快的，所以在搭配背景音乐的时候，也要尽可能和这种氛围保持一致。

> **技术解析**
>
> 背景音乐的获取方式通常有以下三种。
>
> ①找专业的音乐团队做原创音乐，优点是可以根据短视频的画面风格、时间长短来量身定制，缺点是花费一般较高。目前这种原创音乐在市场上的售价在几千到几万元一首不等。
>
> ②在网上找一些免费的资源，这是目前短视频行业最普遍的做法。优点是花销很少甚至没有，缺点是需要反复寻找适合短视频风格的音乐，而且会存在时长不一致的情况，这就需要对背景音乐进行二次剪辑。
>
> ③使用AI工具直接生成背景音乐。目前有很多AI生成音乐的平台，输入关于音乐风格的关键词后，平台能够直接生成多段AI音乐，可以从中进行选择。优点是花销低、时间短，缺点则是生成的音乐效果比较随机。

本案例中，正片粗剪的时间长度是 2 分 48 秒，而背景音乐的长度是 1 分 37 秒（图4-51）。

图 4-51　背景音乐的波形效果

正常情况下，音乐都会分为前奏、间奏和尾声几个部分。其中前奏和尾声都有特定的作用，因此剪辑背景音乐，主要是剪辑间奏部分。

剪辑之前，可以先对间奏部分的波形效果进行仔细观察，挑选波谷的位置作为剪辑点，反复听一下，看是否有较为重复的旋律，再将它们剪辑出来，并通过复制的方式，将该部分旋律多重复几次，以达到延长背景音乐的目的。

如果剪辑的两段音乐连接有些突兀的话，也可以执行菜单的"窗口"→"效果"命令，打开效果面板，点开"音频过渡"→"交叉淡化"文件夹，找到"恒定功率"效果，用鼠标左键将其拖动到两段背景音乐的结合处，就能产生柔和过渡的效果（图4-52）。

图 4-52　背景音乐剪辑

如果希望将背景音乐剪短，也可以剪掉间奏部分中的重复旋律。

技术解析

对于所有的声音文件，都要通过剪辑的方式改变其时间长短，尽量不要使用改变"剪辑速度/持续时间"的方法，这样会使音色改变较大。尤其是对于人声，播放加速后声音会变得很尖锐，减速后声音会变得很苍老。

视频素材中还有很多的环境音，例如搅拌器的声音、玻璃器皿碰撞的声音等，这些声音可能会与背景音乐有冲突，这时就需要将环境音的音量调低一些。现在的环境音频是对应着不同的视频素材的，所以数量比较多，如果按照正常的调整方式，需要在时间轴上一个一个选中环境音频，再在"效果控件"中逐个将"音频"中的"级别"参数调为负数（图4-53）。

图 4-53　逐个调整环境音频

如果希望一次性整体调整环境音频，可以通过以下两种方法来实现。

①首先要确认所有的环境音频都在同一个音频轨道上，案例中它们都在"A1"轨道上，点击"A1"下面的"显示关键帧"选项，在弹出的浮动菜单中点击"轨道关键帧"→"音量"命令，然后在该音频轨道的中间会出现一条横线，用鼠标左键按住该横线，向下拖动就是将该轨道的整体音量调低，反之就是将整体音量调高（图4-54）。

②在时间轴上选中所有要调整的音频，按下鼠标右键，在弹出的浮动菜单中选择"音频增益"，然后调整"标准化所有峰值为"后面的参数，负数为降低音量，正数为增加音量，调整完后按下"确定"按钮（图4-55）。

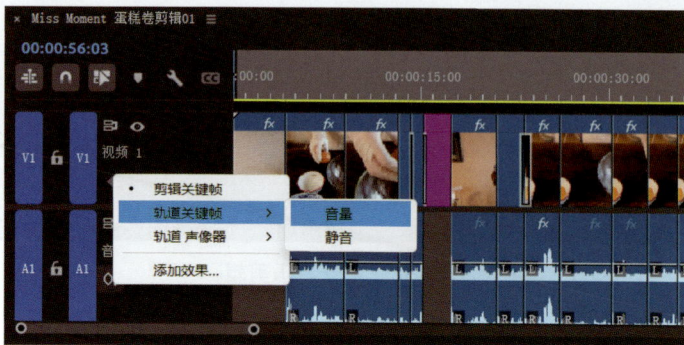

图 4-54　调整轨道关键帧的音量

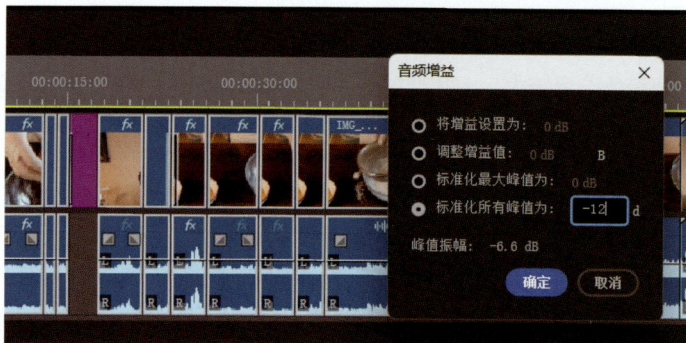

图 4-55　调整音频增益的参数

最终完成的文件是本书配套素材中的"4.8-美食短视频.prproj"文件。

本章小结

　　本章的主要学习内容是镜头连接的不同方式、多镜头叙事、Premiere中播放速度的调整和倒放的设置、镜头的多种景别等，并结合多个案例进行实践。

　　本章是全书的核心章节，所介绍的内容也是Premiere最核心的使用方法，对于视频剪辑来说，所用到的技术其实并不多，剪辑师的竞争力最终体现在自己的综合能力上。因此，多观看优秀的影视作品，并将其剪辑手法运用于自己的影视作品剪辑制作中，是极为重要的。

课后拓展

　　1.在视频网站上看一些vlog长视频，学习并分析优秀作品的多镜头叙事手法。

　　2.以"愉快的一天"为主题，使用多镜头叙事的手法，使用自己的手机拍摄视频，再把素材导入Premiere中，剪辑成一个2分钟左右的小短片。

第5章
Premiere调色和特效

Premiere 自带数百种调色和特效，绝大多数都自带可调整的参数，而且可以通过设置关键帧来制作动画效果（图 5-1）。

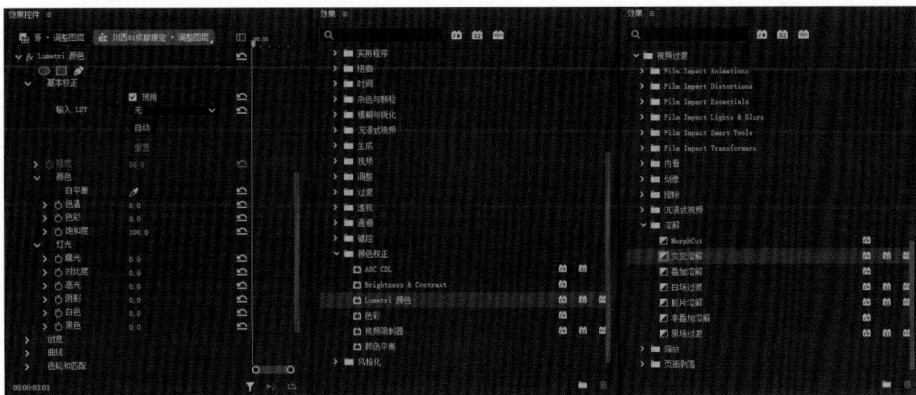

图 5-1　Premiere 自带的特效和转场

调色的作用，就好像是"用光和影为影视作品补妆"。在视频制作中，优秀的画面色调能最大化地渲染视频作品的情绪氛围，让观众更顺利地融入视频作品的情境中。

为什么要进行调色呢？因为原始素材或多或少都存在一些问题，例如曝光、色偏等，这就需要通过调色来进行调整和解决。还有一些特效，可以使视频画面呈现出更多的风格，并能产生一些动画效果，从而创建出复杂的视觉效果。

Premiere 中调色和特效的使用方法都很简单，直接将它们拖拽到时间轴的原始素材上面，或者在时间轴上选中素材，然后在"效果"面板中双击想要使用的效果即可。添加效果后，还可以在"效果控件"面板中调整参数并设置关键帧。

5.1 ▶ Premiere的高级调色

调色是视频制作中极其重要的环节。在 Premiere 中，可以直接点击正上方的"颜色"，将软件界面布局切换为"颜色"工作区，这时会出现"Lumetri 颜色"和"Lumetri 范围"等面板，方便对画面的颜色进行调整。

5.1.1 画面分析

画面分析是指使用肉眼或工具，对画面的色相（hue）、饱和度（saturation）、亮度（brightness）进行分析，判断画面是否有色偏（color cast）等需要平衡的问题。

（1）肉眼观察

每个人都有自己的色感。在前期画面分析时，可以通过肉眼对画面进行观察，做出比较直接的判断。如果画面色偏特别严重，即使未经过专业训练，也能看出问题。但对一些很微妙的色偏，则需要通过专业的训练后才能识别。

要判断的主要有：画面的对比度是否过强？有没有色偏？是不是只有某个区域或时间段出现了色偏？暗部或阴影部在哪里？一些特定的颜色，例如天空的蓝色、皮肤的颜色等是否准确？对于这些，都需要经过长期有针对性的训练，才能通过肉眼判断准确。

（2）工具观察

Premiere 中内置了画面分析的相关工具，可以打开"Lumetri 范围"面板，点击鼠标右键，在弹出的浮动菜单中点击打开任意的画面分析图，其中比较常用的有矢量示波器 YUV、直方图、分量（RGB）和波形（RGB）。这些工具可以生成一些图形，使调色师能够直观地看到画面中色相、饱和度和亮度等信息的分布情况，从而得出准确的判断。

波形（RGB）分两个方向：纵向是对亮度信息的展示，纵坐标的顶部是显示画面亮部的信息，底部则显示画面暗部的信息；横向是对色相信息的展示，由左到右分别是红（red）、绿（green）、蓝（blue）三色。

如图 5-2 所示，左侧是未经处理过的原始画面，通过波形分析图上显示的信息可以读出，其主要色彩都集中在顶部和底部，中间部分的颜色分布很少，这就说明该画面暗部过于暗，亮部过于亮，对比太强烈；右侧是处理后的画面，从波形（RGB）上可以看到，色彩分布区域更广，画面的中间色区域加入了大量的色彩，暗部和亮部的分布也不那么极端了，这样的画面是合格的。

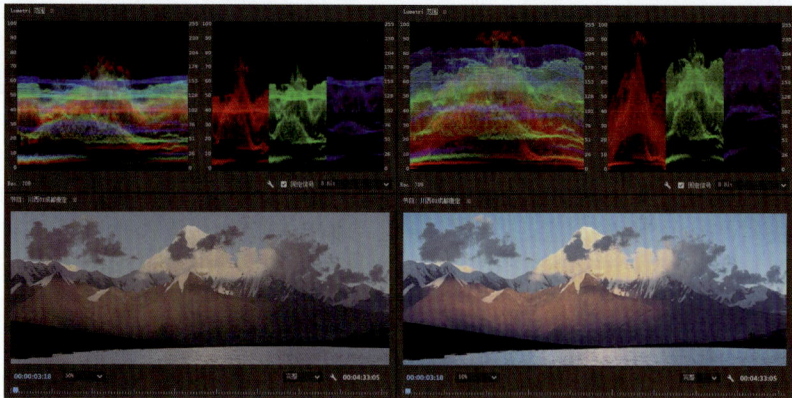

图 5-2　Lumetri 范围面板的显示对比

同理，如果波形分析图中某种颜色分布区域太广，而其他颜色区域很小，则证明该画面色偏较为严重。如果颜色分布区域都在波形分析图的上部，则证明该画面过亮，曝光过度。反之，如果色彩分布区域都集中在底部，则证明该画面太暗，需要提高曝光度或亮度。

在了解了画面的基本情况以后，就可以有针对性地对画面进行调色了。

5.1.2 一级调色

一级调色的最基本任务就是要"平衡"画面，即不能出现不需要的色偏，画面不能过亮或过暗等。

具体来说，一级调色也可以分为三个步骤，即"整体—局部—整体"。

（1）整体

调色之前要先熟读脚本，明确影片的基调。因为视频中的色彩也参与了叙事，所以在进行调色工作之前，必须先了解脚本所讲述的故事。例如恐怖、悬疑题材的影片，画面可以偏暗一些，饱和度低一些，而积极向上的影片，画面需要偏暖一些，亮度高一些。

一个视频作品是由多个镜头组成的，每一个镜头在拍摄的时候都会受到各种条件的影响，例如光源、角度、场景、拍摄参数的不同，会造成镜头的色相、饱和度和亮度不一样。这就需要针对每一个镜头画面的问题进行具体调整。

比较有效的方法是，先找到一个有代表性的镜头，将它调至最佳效果，然后再按照该镜头的画面效果去调整其他镜头。

（2）局部

明确了整体画面基调以后，就需要针对每一个镜头去单独调整了。调整时可以按照明暗、灰阶范围、色彩平衡、饱和度的顺序来进行。

①明暗。明暗是指画面最亮和最暗的部分应该呈现的效果。

拿到一个镜头以后，先来看一下画面中最亮的部分是天空、皮肤还是其他部分，然后看一下这部分是否存在曝光过度的情况。通过调整该部分的亮度来控制画面中的最高亮度。接下来按照同样的办法，将暗部区域调整好。

除了调整亮度以外，还可以通过调整颜色的方式来调整明暗。例如在暗部增加蓝色，暗部的亮度会降低，即暗部加深；而在暗部增加红色，暗部的亮度会提升，即暗部变浅。而在亮部增加蓝色，会使观众感觉更亮、更白；要想压暗亮部，则可以增加黄色。

②灰阶范围。灰阶范围是指画面中最亮部分与最暗部分之间的变化，画面的灰阶范围越大，画面层次感就会越强，细节就会越丰富。

这一阶段主要是根据实际需要对画面中间色区域进行调整。例如要表现正能量的视频，可以将中间色区域整体调整得偏亮一些，灰阶范围大一些；而如果是要表现夜晚或昏暗的效果，则中间色区域要偏暗一些，灰阶范围小一些。

③色彩平衡。色彩平衡是校正色偏的过程。

可以配合画面分析图，尽量将红（red）、绿（green）、蓝（blue）三色的分布区域调整得更广一些，需要分别针对暗部、亮部和中间色区域进行调整。

可以配合"Lumetri范围"面板中的"曲线（curves）"工具来调整。原理也很简单，窗口由左下到右上，对应的是画面最暗部到最亮部，分别调整四个窗口中的曲线，就可以对画面的亮度和色相进行调整。以图5-3为例，主要的亮度曲线没有调整；红色窗口中曲线对应的效果是画面亮部增加红色，暗部减少红色；绿色窗口中曲线对应的效果是画面中间色区域增加绿色；蓝色窗口中曲线对应的效果是亮部减少蓝色，暗部增加蓝色。

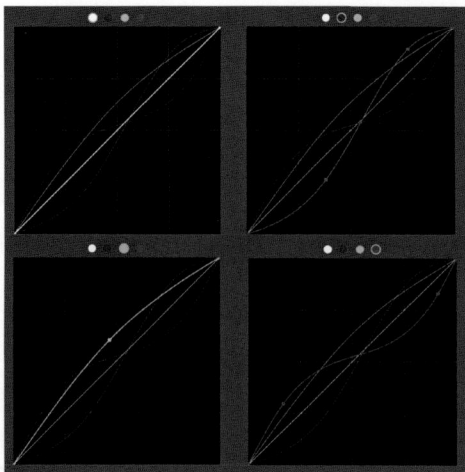

图 5-3　曲线调色

通过曲线工具，可以有针对性地对画面暗部、中间色区域、亮部的色相进行调整，从而达到整个画面中色彩平衡的效果。

④饱和度。饱和度是指色彩的鲜艳程度，也称色彩的纯度。饱和度取决于该色中含色成分和消色成分（灰色）的比例。含色成分越大，饱和度越大；消色成分越大，饱和度越小。纯的颜色都是高度饱和的，如鲜红、鲜绿。混杂上白色、灰色或其他色调的颜色，是不饱和的颜色，如绛紫、粉红、黄褐等。完全不饱和的颜色根本没有色调，如黑白之间的各种灰色。

调整时，需要使相邻镜头画面的饱和度尽量保持一致，尽可能还原出真实的画面效果。

画面饱和度的高低会对观众的心理产生影响，例如较高饱和度的画面会使观众心情更加愉悦，而低饱和度的画面会让观众感觉压抑。

（3）整体

当每一个镜头的问题都被纠正以后，就需要根据脚本、导演想表达的情绪进行整体的调色了。

如果是一部以美食为主题的视频作品，可以将整体色调设置得偏暖一些，例如黄色、橘色等，这样会让观众更有食欲；如果要表现初恋的感觉，可以把整体的暗部提亮一些，饱和度增加一些，使画面形成偏"粉"的小清新效果；如果是怀旧主题的影片，就需要把饱和度降低，使整体色调偏褐色一些，让画面显得更复古。

5.1.3　二级调色

一级调色影响的是整个画面，而二级调色将其调整限制在某一特定区域或某一颜色范围内。二级调色也可以影响某一灰阶范围，但该范围更具体，不像一级调色时所针对的暗部、中间部分和亮部那样宽泛。

二级调色有三个基本步骤：

步骤 1　明确所要完成的任务；

步骤 2　限定画面中的调色范围，且不影响无需调色的区域；

步骤 3　在限定的区域内侧或外侧完成调色处理。

其中最重要的，就是步骤 2，这一步也被简称为"限定调色区域"，需要利用各种手段将画面的某一区域分离出来进行相应的调节，一般有三个基本途径：

①分离某一颜色或亮度范围，或两者的结合，即分离调色；

②通过图形或蒙版来限定画面区域，即定点调色；

③将以上二者结合起来 [1]。

（1）分离调色

分离调色是二级调色中非常有效的一种方法，如果能完美地把需要调色的区域分离出来，就不用担心因摄像机的运动或者有什么东西从前景划过而产生的干扰。

要完成画面颜色的分离，可以在"Lumetri 范围"面板中的"HSL 辅助"属性中，使用吸管工具点击想要分离出的颜色区域，并根据实际需要，增加或减少选中的区域，甚至对边缘进行模糊处理等。如图 5-4 所示，通过吸管工具选取了画面中人物的皮肤部分，方便单独调整主人公的肤色。

图 5-4 选取角色皮肤

选取以后，就可以针对这一区域调整色相、饱和度或亮度了。

（2）定点调色

定点调色就是在画面上画出某形状区域，并对该区域内侧或外侧进行颜色调整。早期的定点调色只能使用固定的几何形状，例如圆形和矩形来绘制区域。而现在基本上所有的软件都可以使用贝塞尔曲线来绘制自定义的形状，甚至可以跟踪镜头运动。

定点调色适用于那些静止的镜头，或者是运动幅度较小的镜头。

定点调色被广泛运用的一种情形是暗角（vignette）处理，即将画面的边角调暗，使观众的注意力集中到画面中心。处理时，通常在画面的正中间加上一个边缘被过度羽化的椭圆形。在 Premiere 中，可以在"Lumetri 范围"面板中的"晕影"属性中，调整"数量"参数，负值为黑色晕影，就是暗角，正值为白色晕影。"羽化"是晕影的过渡效果，数值越高，过渡越柔和，如图 5-5 所示。

图 5-5 对右侧的画面进行暗角处理

---

[1] 赫尔菲什. 数字校色 [M]. 黄裕成，周一楠，译. 2 版. 北京：人民邮电出版社，2017.

5.2 ▶ 案例演示：自然风光的调色

下面将通过一个完整的案例，来介绍一下使用 Premiere 调色的具体流程。

步骤 1 本案例要调整的是一段使用大疆无人机航拍的山林视频，小路上还有一位老人在走动。将素材拖入时间轴中，通过"Lumetri 范围"面板的显示效果可以看出，画面色彩信息都集中在中间色区域，亮部和暗部都缺乏色彩（图 5-6）。

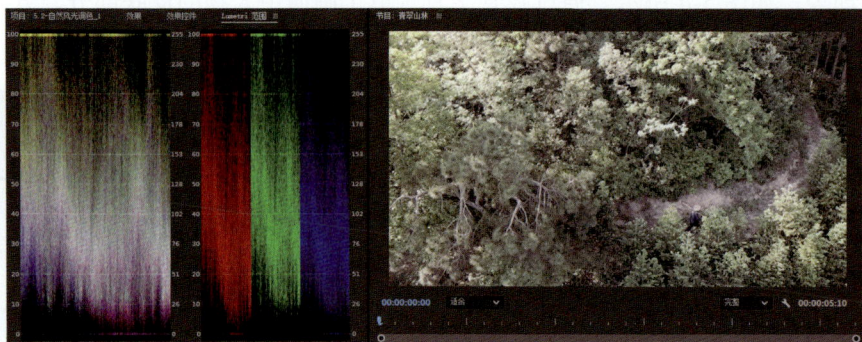

图 5-6　素材的相关色彩信息

步骤 2 对比度的提高可以使色彩向亮部和暗部集中。在时间轴上选中该素材，在"Lumetri 颜色"面板中，将"对比度"调整为 60。在"Lumetri 范围"面板上会看到，色彩信息向上下两端，即亮部和暗部分布了（图 5-7）。

图 5-7　调整对比度

步骤 3 对比度提高以后，画面左上角的亮部有些过曝了。这时在"Lumetri 颜色"面板中，将"高光"值调整为 −80，将画面中过曝区域的亮度压下来，同时，将"阴影"参数调整为 20，提升一下画面暗部的亮度（图 5-8）。

图 5-8　调整高光和阴影

接下来要调整画面的色彩，这就需要根据整个视频的基调来进行调整。例如本视频中，要体现出整个山林生机勃勃的感觉，就需要画面更加鲜艳，色调要偏向代表生命的绿色，而现在的画面偏灰，没有体现出山林的青翠和生机。

步骤 4　将"饱和度"调整为200，让画面整体鲜艳起来。调整后的山林色调有些偏黄，将"色温"参数调整为–9，减少画面中的暖色，然后将"色彩"参数调整为–12，使画面偏绿一些，这样山林就青翠起来了（图5-9）。

图5-9　调整饱和度和色温

步骤 5　进入"Lumetri 颜色"面板的"曲线"栏中，点击上面的绿色按钮，可以针对画面的绿色调进行调整。按照图5-10中的形状调整曲线，使画面的亮部增加一些绿色。同时，还可以将红色曲线稍稍往下拉一些，以减少画面中的暖色。

这时再来观察"Lumetri 范围"面板，会发现色彩的分布就很均匀了（图5-10）。

图5-10　调整绿色曲线

步骤 6　在"Lumetri 范围"面板的"创意"栏中，将"锐化"参数调高至30，使画面中的结构更加突出一些，这样就完成了全部调色步骤（图5-11）。

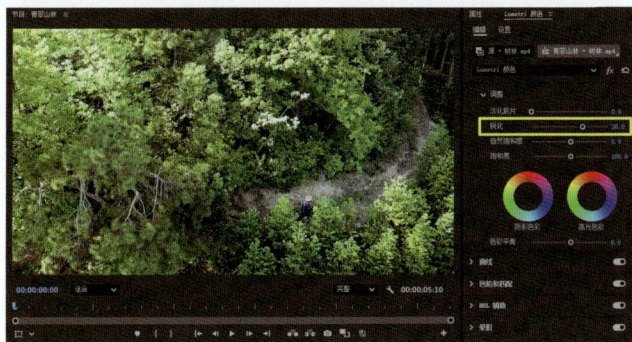

图5-11　调整锐化

最终完成的文件是本书配套素材中的"5.2-自然风光调色.prproj"文件。

5.3 ▶ 案例演示：灰片调色对比动画特效

在专业的拍摄设备中，有一种"灰片"拍摄模式，拍出来的视频对比度、饱和度都极低，但在后期调色中，这种"灰片"视频的兼容度极高，经过一些调整，就能呈现出异常出色的画面效果。因此，在高端的企业宣传片、纪录片甚至电影中，普遍都使用高端专业摄像机来拍摄"灰片"模式的视频素材。

视频教程

5.3.1 灰片亮度调整

步骤1 素材"A016C034_140110S5.MXF"一段倒茶的视频，将其导入Premiere中，这时从"Lumetri范围"面板中可以看到，画面的颜色和亮度等信息都集中在中部，亮部和暗部则完全没有（图5-12）。

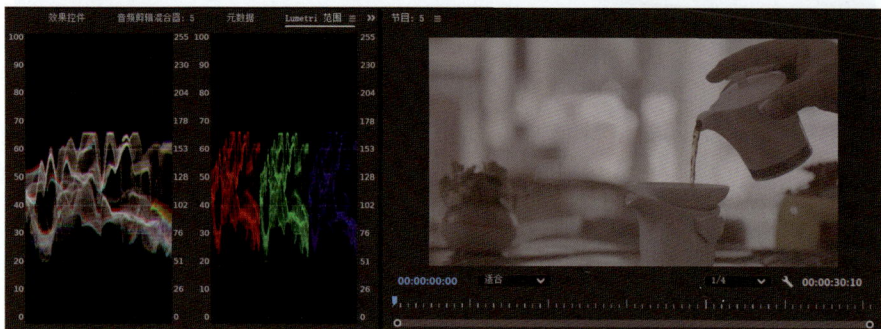

图 5-12 灰片的色彩效果

步骤2 在时间轴上选中素材，进入"Lumetri颜色"面板中，将"对比度"调整为100，使色彩信息分布在画面的亮部和暗部区域（图5-13）。

图 5-13 调整对比度

在调色时一定要记得，色彩信息只是起到参考作用，在很多情况下，还是要根据片子的需要来调色。例如在本案例中，主体物是前景的茶壶，但因为是在大逆光的条件下拍摄的，所以主体物处于画面的暗部区域。如果按照色彩信息去调色，会使主体物太暗而无法突出，这显然是错误的。所以该素材的调色中，也需要对暗部进行提亮处理。

步骤3 将"阴影"参数提高到90，让画面暗部，即主体物茶壶提亮一些，再把"高光"提高到10，使虚化的远景稍稍亮一点。观察一下画面，会发现远景中的窗户有些曝光，再把"白色"参数调低至-50，使画面中最亮的区域降低一些亮度。再把"黑色"调高至20，使画面中最暗的区域提亮一些（图5-14）。

图 5-14 调整亮部和暗部区域

调整高光、阴影的参数，只能单独控制画面的亮部或者暗部，彼此之间没有联系。而调整曲线可以使整个画面的亮度变化更加柔和，所以很多调色师会使用曲线去对画面进行微调。

步骤 4 进入"Lumetri 颜色"面板的"曲线"栏中，将曲线的形状调整为如图5-15中所示的效果，这样就可以将画面的亮部和暗部进一步拉开。

图 5-15 调整曲线

5.3.2 灰片色彩调整

本案例中，要表现的是一种下午茶时光的悠闲感，所以色彩应该更加鲜艳一些。

步骤 1 将"饱和度"调整为200，同时再将"色温"设置为 –10，这样可以使画面更加鲜艳，同时稍稍偏蓝色调，再将"曝光"提升至 0.4，使画面更加明亮一些（图5-16）。

图 5-16 调整饱和度和色温

步骤 2 回到"曲线"栏中，点击上面的红色按钮，将红色曲线调整为如图 5-17 中所示的形状，这样就可以减少画面亮部中的红色，即远景的窗户区域会偏向清新的绿色，而近景会增加红色，从而使茶具和茶水偏暖色。

图 5-17　调整红色曲线

5.3.3　对比动画特效制作

接下来将使用"效果控件"中"不透明度"的遮罩，并配合关键帧，来制作该素材调色前后对比的动画特效。

步骤 1 因为要做对比动画特效，所以需要使用两个素材。按住 Alt 键，在时间轴上将该素材向上拖动，在新轨道上复制一个。选中上面的素材，在"效果控件"面板中，点击"Lumetri 颜色"前面的"切换效果开关"按钮，将调色效果关闭。这样，上面轨道上的素材便是调色前的效果，下面轨道上的素材则是调色后的效果（图 5-18）。

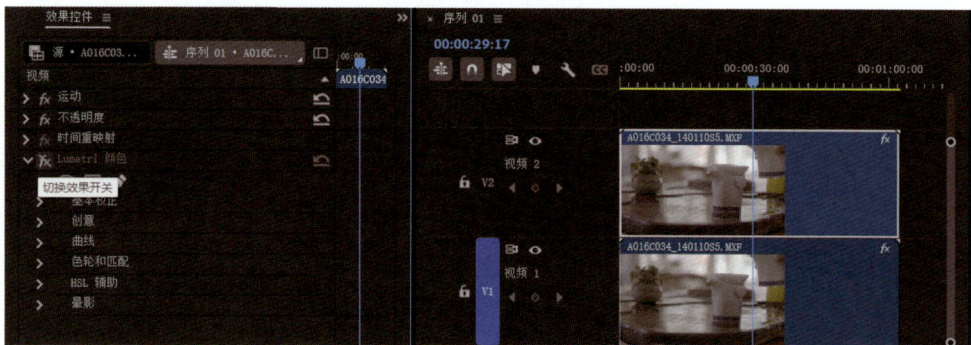

图 5-18　在时间轴上复制素材

步骤 2 选中上面轨道的素材，点击"效果控件"面板的"不透明度"下面的"创建 4 点多边形蒙版"按钮，这时面板中会出现名为"蒙版（1）"的属性，同时，在画面中会出现一个矩形，矩形以内是上面轨道上原始素材的画面，矩形以外则是下面轨道上调色后的画面（图 5-19）。

图 5-19　创建 4 点多边形蒙版

　　蒙版的作用其实就是对画面进行遮挡，在蒙版区域内的画面会显示出来，而在蒙版以外的画面则会被蒙版遮住。

　　步骤 3　用鼠标左键按住矩形四个角上的控制点并拖动，可以调整矩形的形状，从而控制画面显示的区域。将矩形的四个点分别放在画面的四个角上，使矩形完全覆盖住整个画面。这时可以看到，被矩形蒙版覆盖的地方会显示出上面轨道上的原始素材画面（图 5-20）。

图 5-20　调整矩形蒙版形状

　　步骤 4　在时间轴上将时间滑块放在第 2 秒的位置，进入"效果控件"面板，点击"蒙版路径"前面的"切换动画"按钮，在第 2 秒处为蒙版的形状打上一个关键帧（图 5-21）。

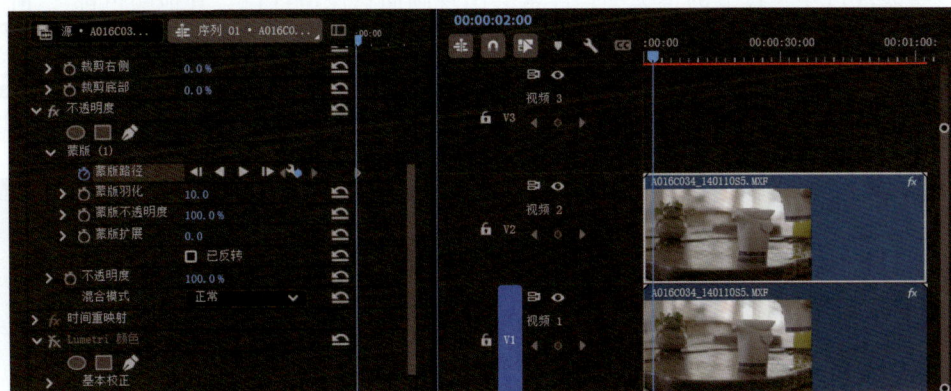

图 5-21　打关键帧

　　步骤 5　在第 6 秒的位置，将鼠标放在蒙版上，光标会变成手形，按住鼠标直接将蒙版往一侧拖动，将其拖出画面，露出下面轨道上调色后的素材效果，同时，"蒙版路径"上会自动打上一个关键帧（图 5-22）。

图 5-22　设置第二个关键帧

步骤 6　按下空格键预览效果，会看到第 2 秒的时候，画面一侧逐渐出现调色后的效果，到第 6 秒，调色后的画面完全覆盖住调色前的画面（图 5-23）。

图 5-23　调色前后的画面对比动画特效

最终完成的文件是本书配套素材中的"5.3- 倒茶灰片调色对比 .prproj"文件。

5.4 ▶ 案例演示：黑金色调的城市夜景

在一些表现过年、过节的镜头中，经常会出现画面只保留红色、其他颜色都消失的效果，从而更能突出喜庆的气氛。在短视频平台中，曾一度流行用黑金色调表现城市夜景的效果——画面中只有车辆的灯光是高饱和度的黄色，其他颜色都为低饱和度。本案例将演示如何制作这样的黑金色调效果。

视频教程

步骤 1　本案例所使用的素材是一段城市夜景的航拍视频，先将其导入 Premiere 中。从"Lumetri 范围"面板中可以看到，这段素材的色彩分布比较平均，没有特别突出的色调（图 5-24）。

图 5-24　素材的颜色信息

步骤2 进入"Lumetri 颜色"面板的"曲线"栏中，找到"色相饱和度曲线"这一项，这是控制画面中所有颜色的饱和度的曲线，现在这条线处于中间位置，意味着所有颜色的饱和度都是一样的。向上移动意味着使饱和度升高，反之则使饱和度下降。

用鼠标先在黄色区域上点一下，创建一个控制点，再在黄色两侧的红色和绿色区域上分别点一下，这样就一共创建了3个控制点。如果点错了，可以使用鼠标按住控制点进行拖动，改变其位置，或者按住键盘的 Ctrl 键，再用鼠标点一下该控制点，将其删除（图 5-25）。

图 5-25　在色相与饱和度曲线上创建 3 个控制点

步骤3 将中间的黄色控制点往上移动，再将左右两侧的控制点向下移动，会发现画面中黄色的饱和度升高，而其他颜色的饱和度都开始下降。这就形成了画面中只保留黄色、其他颜色消失的效果（图 5-26）。

图 5-26　调整控制点的位置

步骤4 再在黄色控制点两侧分别添加控制点，并将它们稍稍往外移动一点，增加颜色区域的宽度，使黄色的过渡更自然一些（图 5-27）。

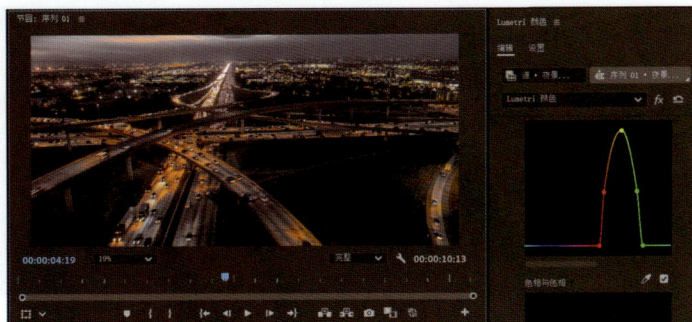

图 5-27　继续添加控制点

因为该视频主要表现的是车流的灯光，所以接下来要增加画面的光感。

步骤 5 按住 Alt 键，使用鼠标将时间轴上的素材向上拖动，将其在上面的轨道上复制一份。进入"效果控件"面板，将"不透明度"改为 40%，将"混合模式"改为"叠加"，这样画面中的亮部区域就会更加突出（图 5-28）。

图 5-28　复制素材并调整不透明度

步骤 6 在"效果"面板中，逐一打开"视频效果"→"模糊与锐化"文件夹，将其中的"高斯模糊"效果拖动到上面轨道的素材上，并在"效果控件"面板中，将"高斯模糊"的"模糊度"参数调整为 100，这样突出的亮部区域会被模糊，从而呈现出更柔和的光感（图 5-29）。

图 5-29　添加高斯模糊效果

步骤 7 调色后，画面中只保留了灯光的黄色，更加突出了城市的灯火辉煌。这种调色方式可以在想要突出强调某种颜色、气氛、物体的时候使用，调色前后的画面对比效果如图5-30 所示。

图 5-30　调色前后画面对比效果

最终完成的文件是本书配套素材中的"5.4- 黑金调色 .prproj"文件。

5.5 ▶ 案例演示：比较视图一键调色法

很多没有美术基础的初学者往往会对调色感到困惑，不知道该如何下手。本案例将介绍一种简单的一键调色法，即将另一段已完成调色的视频的颜色信息直接应用在需要调色的素材上。

视频教程

步骤 1 先将本案例中需要调色的素材导入 Premiere 的时间轴上，这是一段夜景拍摄的炒凉粉原始视频素材。再导入一段调色效果很好的商业宣传片，将其放在时间轴上原始素材的后面，用于比较调色（图 5-31）。

图 5-31　导入两段视频素材

步骤 2 点击节目面板右下角的"比较视图"按钮，切换到"比较视图"模式。如果没有该按钮，可以先点击右下角的"按钮编辑器"，在弹出的按钮面板中，找到"比较视图"按钮，并用鼠标左键将其拖动到节目面板中。

现在节目面板分为左右两部分，左侧是用于比较的素材视图，右侧是原始素材视图。拖动左侧视图下面的时间线，将画面停在配色效果较好的镜头位置（图 5-32）。

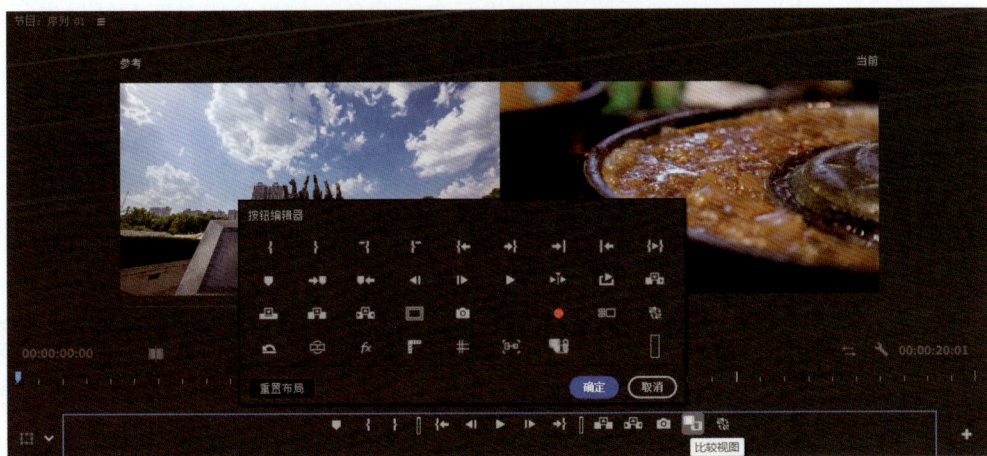

图 5-32　切换到"比较视图"

步骤 3 进入"Lumetri 颜色"面板的"色轮和匹配"栏中，点击"应用匹配"按钮，会发现右侧的原始素材已经根据左侧视图中的色彩搭配进行了调色（图 5-33）。

图 5-33 应用匹配调色

步骤 4 如果觉得不满意，还可以重新换一个比较素材，使用图片素材也可以，再次按下"应用匹配"按钮进行比较调色（图 5-34）。

图 5-34 不同画面的应用匹配调色

这种比较调色方法的原理，其实就是 Premiere 吸取左侧比较视图中素材的高光、中间调和阴影的色彩信息，再匹配应用到原始素材中进行自动调色。如果希望对匹配结果进行微调，可以调整图 5-34 右下方三个色轮中的十字光标位置，从而改变原始素材的色调。

调色后，可以再次点击"比较视图"按钮，切换回原先的视图，然后进入时间轴中，将用于比较调色的素材删除。

最终完成的文件是本书配套素材中的"5.5- 比较调色 .prproj"文件。

5.6 ▶ 案例演示：使用马赛克跟踪技术遮挡logo

在一些视频的制作中，往往要根据需要而遮挡住画面中的某一部分，例如水印、人的面部、不便露出的 logo 等。如果是固定不动的水印还较易处理，如果是不断运动的物体，就需要运用跟踪技术来处理。

视频教程

步骤 1 将素材导入 Premiere 的时间轴上，这是一段街景的延时视频，画面中有一个非常明显的品牌 logo。因为是摇镜头，所以该品牌 logo 也是在不断运动的（图 5-35）。

图 5-35　需要处理的视频素材

步骤 2　在"效果"面板中，逐一打开"视频效果"→"风格化"文件夹，将其中的"马赛克"效果拖动到时间轴上的视频素材上，这时画面会出现马赛克效果。可以在"效果控件"面板中调整"马赛克"效果的水平块和垂直块参数，控制画面中马赛克的大小（图 5-36）。

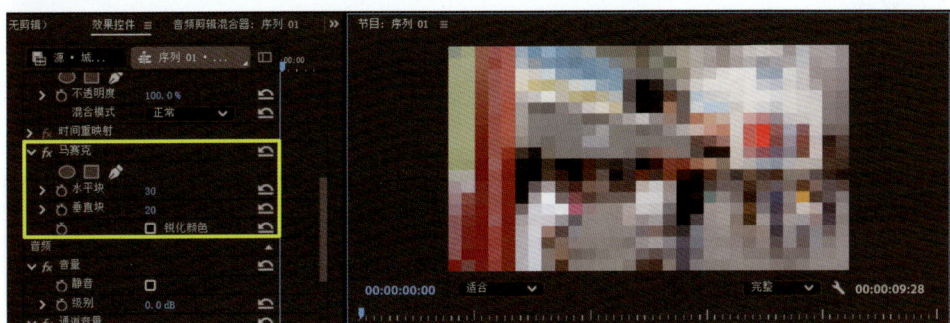

图 5-36　添加马赛克效果

步骤 3　因为只需要对 logo 打上马赛克，所以需要控制马赛克的显示区域，这就需要使用蒙版。在"效果控件"面板中，点击"马赛克"效果下面的"创建 4 点多边形蒙版"按钮，给画面的马赛克效果添加一个矩形蒙版（图 5-37）。

图 5-37　添加蒙版

步骤 4　将时间滑块放在视频素材的起始位置，然后在节目面板中调整蒙版的位置和形状，使它完全遮挡住画面中的品牌 logo（图 5-38）。

图 5-38　调整蒙版的位置和形状

　　因为镜头是动态的，所以品牌 logo 的位置也一直在变化，这就需要让蒙版一直跟踪 logo 的位置进行移动。

　　步骤 5　点击"马赛克"的"蒙版路径"属性右侧的"向前跟踪所选蒙版"按钮，会弹出"正在跟踪"的进度条，Premiere 会自动计算蒙版的跟踪路径，进度条完成以后，就会自动生成蒙版的移动动画效果（图 5-39）。

图 5-39　设置向前跟踪所选蒙版

　　步骤 6　跟踪完毕以后，"蒙版路径"属性会在每一帧都生成关键帧，按下空格键播放，会发现蒙版一直跟着品牌 logo 进行移动（图 5-40）。

图 5-40　跟踪完毕后的关键帧

　　在视频素材中，品牌 logo 在第 4 秒左右就移出画面了，因此可以将 4 秒后的所有关键帧都删除。在品牌 logo 移出画面后，蒙版还有一部分留在画面中，可以在最后一帧的位置，将蒙版也移出画面（图 5-41）。

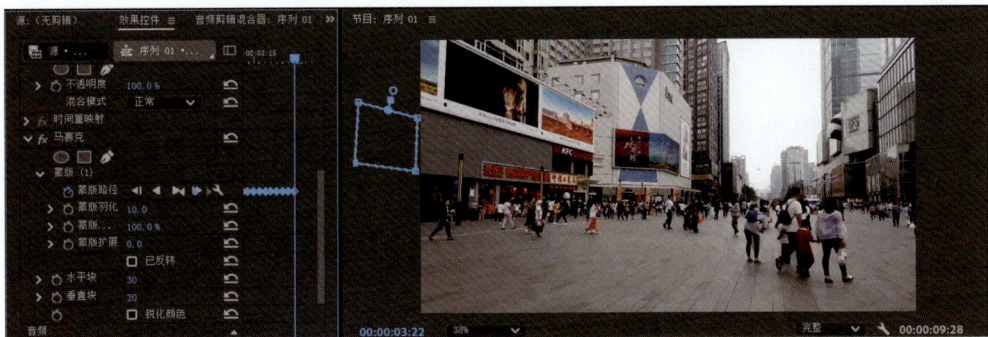

图 5-41　将蒙版移出画面

步骤 7　如果一个素材中有多个目标需要使用蒙版遮挡，可以多次点击"效果控件"面板中的"创建 4 点多边形蒙版"按钮，创建多个蒙版，分别进行跟踪。

最终完成的文件是本书配套素材中的"5.6- 城市马赛克 .prproj"文件。

5.7 ▶ 案例演示：稳定抖动的画面

在前期拍摄的时候，往往会因为手持镜头、路面颠簸等原因而产生画面抖动的情况。这就需要在后期的剪辑制作中对画面进行稳定处理。

步骤 1　在 Premiere 中，将素材导入并拖动到时间轴上，这是一个车内中控台的视频素材，因为是在汽车行驶期间拍摄的，所以画面有一些抖动。

步骤 2　在"效果"面板中，逐一打开"视频效果"→"扭曲"文件夹，将其中的"变形稳定器"效果拖动到时间轴上的视频素材上。这时在节目面板中会出现"在后台分析"的字样，这代表 Premiere 在分析素材画面并进行稳定处理，分析时间的长短会依据素材长度和电脑硬件配置而定（图 5-42）。

视频教程

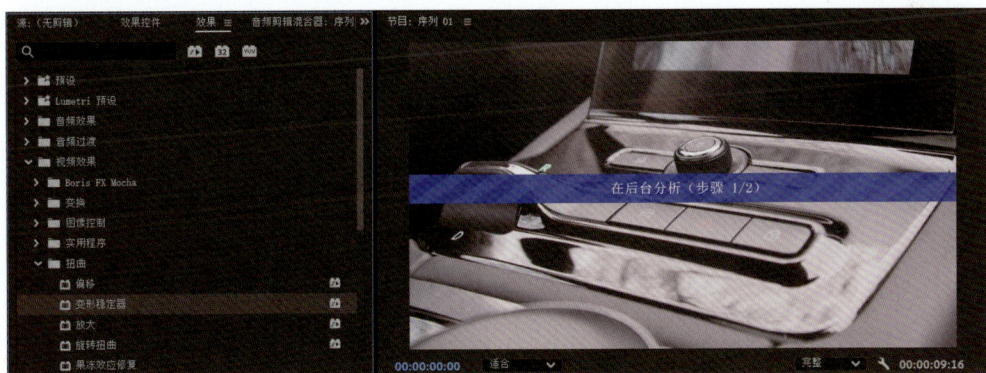

图 5-42　分析需要稳定的画面

步骤 3　分析完成后，画面会放大一些。按下空格键预览，发现画面还是会有抖动，但已经变得比较平滑，这时还可以在"效果控件"面板中调整"变形稳定器"的"平滑度"参数（图 5-43）。

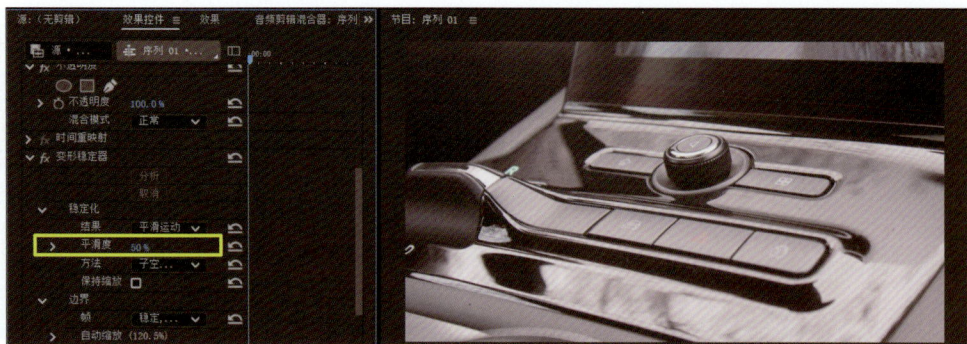

图 5-43　稳定后的画面

步骤4　如果希望画面完全稳定，可以将"变形稳定器"的"结果"属性设置为"不运动"，这时画面上会出现"正在稳定化"的文字，即对画面进行重新稳定处理。处理后的画面就会完全稳定，几乎没有任何抖动（图 5-44）。

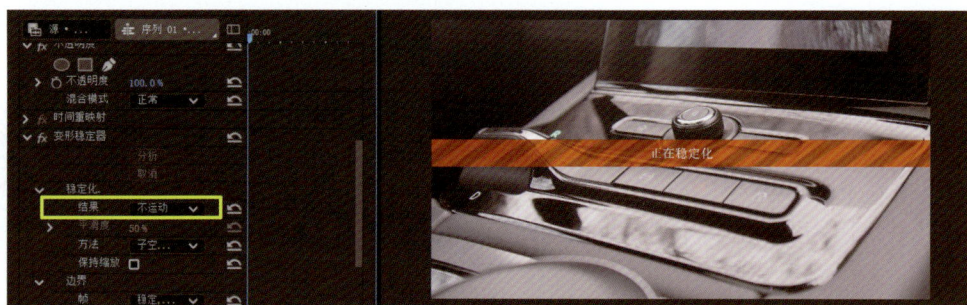

图 5-44　使画面完全稳定

步骤5　这时画面已经稳定，但是如果再调整素材的剪辑速度，画面中就会弹出"变形稳定器和速度不能用于同一剪辑"的警告文字，如果强行调整素材的速度，会发现变形稳定器已经不能使用了（图 5-45）。

图 5-45　弹出警告文字

这是因为"变形稳定器"效果不能用在变速的素材上，如果必须对变速素材进行稳定，就需要用到"嵌套"命令。

步骤6　在"效果控件"面板中选中之前添加的"变形稳定器"效果，按下键盘的删除键，将之前的稳定效果取消。然后调整好素材的播放速度，再执行菜单的"剪辑"→"嵌套"命令，或者直接在时间轴上选中素材，按下鼠标右键，在弹出的浮动菜单中点击"嵌套"（图 5-46）。

步骤 7 在弹出的"嵌套序列名称"对话框中，可以为该嵌套重新命名，然后按下确定键，会发现时间轴上的素材变成了绿色（图 5-47）。

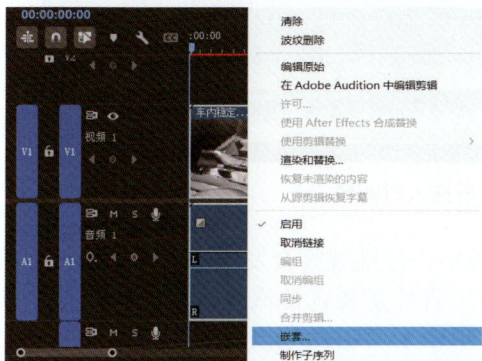

图 5-46 点击嵌套

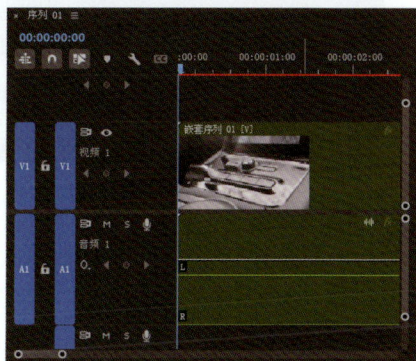

图 5-47 嵌套后的素材

步骤 8 这时再给该嵌套素材添加"变形稳定器"效果，素材就可以正常进行稳定了（图 5-48）。

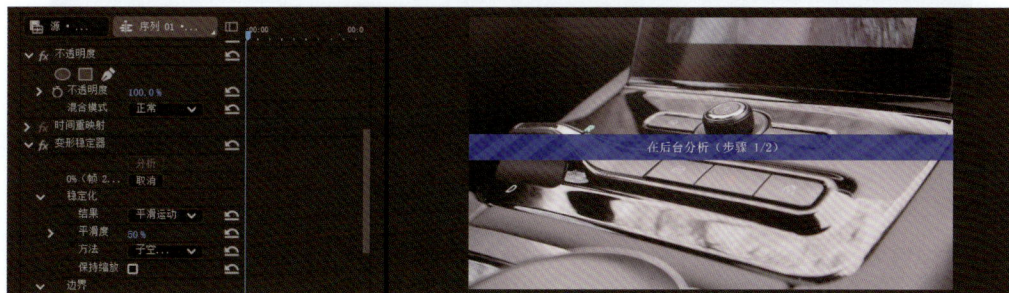

图 5-48 对嵌套进行稳定

步骤 9 如果还要重新调整变速效果，则需要在时间轴上双击嵌套素材，进入嵌套的内部，在时间轴上调整原素材的剪辑速度。调整好后回到嵌套的时间轴，在"效果控件"面板中点击"变形稳定器"的"分析"按钮，就可以进行重新稳定了。

最终完成的文件是本书配套素材中的"5.7-车内稳定 .prproj"文件。

5.8 ▶ 综合案例演示：汽车广告片调色和制作

在实际的制作，尤其是商业广告片的制作中，往往需要处理多种格式、多种效果的视频素材。例如 SONY 高清摄像机 FS7 拍摄的 mxf 格式、大疆无人机拍摄的 mp4 格式，以及手机拍摄的 mov 格式等。并且，使用同一台机器拍摄的一天不同时段的视频，色彩效果也不尽相同。这就需要进行统一的调色处理，并添加相应的特效，以满足商业广告片的需求。

视频教程

5.8.1 广告片剪辑

步骤 1 新建一个 1080p 的序列，命名为"汽车广告片"，并将素材中的背景音乐拖入时间轴中。通过观察可知，该音乐前半部分比较平稳，这部分每个镜头的持续时间可以长一些，将广告片的节奏铺垫得比较平稳。音乐中段开始出现较强烈的节奏，这时可以使用快剪的方式，使镜头切换较快，把影片节奏提上去。末端音乐回归平稳，方便最后的 logo 定版（图 5-49）。

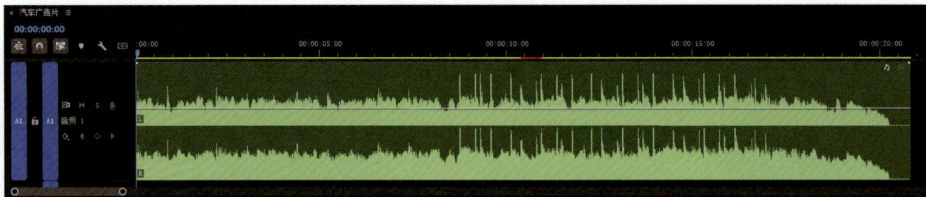

图 5-49 将背景音乐拖入时间轴

步骤 2 将素材中的所有视频都导入项目面板中，仔细观察会发现，部分视频中有需要宣传的汽车，大多数镜头都是风景和古建筑。因为广告片是要宣传汽车，所以要把有汽车的视频放在开头和末尾，每个镜头持续时间长一些，以便于突出汽车。而其他的风景视频则可以放在中后段快剪，突出广告片的节奏感（图 5-50）。

图 5-50 将素材导入项目面板中

> **技术解析**
>
> 在剪辑和制作商业广告片或宣传片之前，一定要了解甲方对该片的要求，并严格按照甲方的要求和意见执行。
>
> 一般情况下，商业片都会有前期的文案和分镜，依照要求进行剪辑制作就可以了。但是该案例是一部长达3分钟的广告片的预告片，没有前期的文案和分镜。因此在剪辑之前，一定要认真看素材，并做好规划，做到心中有数后再开始剪辑。

步骤 3 这是一部汽车路跑的广告片，重点在于展现汽车的电池容量大、耐用的特点。因此可以使用镜头连接中"逻辑的连接"方法，依次在时间轴上放入汽车在充电站充电、汽车驶出充电站、汽车行驶在路上的镜头，这几个镜头都是远景，因此第四个镜头可以接汽车内部的特写镜头，让景别更加丰富（图 5-51）。

图 5-51 前半部分的剪辑

步骤 4　在中间的快剪部分，可以将各种风景镜头按照音乐节奏进行剪辑，需要注意的是，应按照"一天"这个时间线去剪辑，前面放早上的风景镜头，然后是白天的镜头，最后是晚上的风景镜头。另外，有几个镜头是 4K 的，需要调整它们的大小，以适应 1080p 的序列尺寸（图 5-52）。

图 5-52　快剪部分的剪辑

步骤 5　在结尾处放上晚上的镜头以及汽车 logo 的定版动画，完成最后部分的剪辑，如图 5-53 所示。

图 5-53　最后部分的剪辑

5.8.2　镜头画面调色处理

需要使用的视频素材大致分为三类，即摄像机拍的灰片、无人机拍的原片和以前制作的成片素材，需要对它们分别进行调整，最后再把所有镜头的色调统一。

步骤 1　先调整摄像机拍的灰片，提高画面的饱和度和对比度，使画面色彩丰富起来，再分别调整画面的亮部和暗部。需要注意的是，这是全片的开头部分，展示的时间是早上，因此画面应稍微偏暗一点（图 5-54）。

图 5-54　灰片素材调整前后的对比效果

步骤 2　调好一个灰片镜头以后，还可以把调整的数据复制给其他的灰片镜头。先选中调好的灰片素材，在效果控件中选中"Lumetri 颜色"，使用快捷键 Ctrl+C 键（Windows）或 command+C 键（macOS）进行复制。再选中想要调整的灰片素材，在效果控件中按下快捷键 Ctrl+V 键（Windows）或 command+V 键（macOS），将调整好的"Lumetri 颜色"粘贴进来，然后再根据实际情况进行数据的微调（图 5-55）。

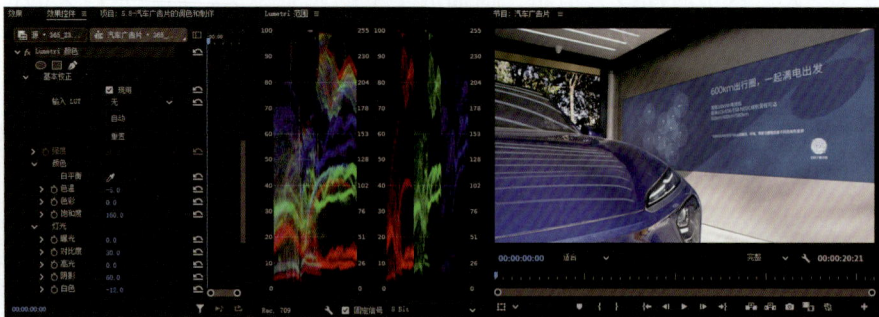

图 5-55　对其他灰片素材进行调整

步骤 3　在本案例中，无人机拍摄时没有选择灰片模式，但拍摄出的原片也需要进行调色。打开"Lumetri 范围"面板，对照色彩显示图，对饱和度、对比度等参数进行调整。需要注意的是，该片是按照一天的时间线进行剪辑的，要判断该素材应该处于一天中的哪个时段，例如中午就需要调整得明亮一些，傍晚就需要调整得暗一些（图 5-56）。

图 5-56　调整无人机拍摄的原片

步骤 4　本案例中还会用到一些之前制作的素材，这些视频画面已经调过色，可以直接使用，但要注意该视频所处的位置，要根据时段进行颜色的微调。例如图 5-57 中的素材应该处于下午，因此可以将画面调暗一点，并且偏冷色调一些。

图 5-57　根据时段调整素材的颜色

步骤 5　逐一对每个镜头进行调色，尽量使"Lumetri 范围"面板中颜色分布均匀。这样就完成了整部广告片的一级调色。

完成了一级调色以后，接下来就要对广告片整体进行调色，使整部广告片的色彩风格趋于一致，并有一定的特色。汽车是科技产品，因此可以在二级调色时，将画面的整体色调调整至偏蓝色和绿色。

步骤 6 新建一个"调整图层"，并将它拖拽到时间轴最上面的视频轨道上，将其拉长直至覆盖住所有的镜头。这样只需要对调整图层进行调色，就可以使所有镜头都发生改变。

步骤 7 在时间轴上选中"调整图层"，点击"Lumetri 颜色"面板中"Look"右侧的下拉菜单，并点击"浏览"按钮（图5-58）。

步骤 8 在弹出的"选择 Look 或 LUT"窗口中，进入素材提供的"20 款青橙色调LUTS"文件夹，这里有20种青橙色调的LUT，选择"LOOKED_TO_12.cube"并点击"打开"（图5-59）。

图 5-58 点击"浏览"按钮

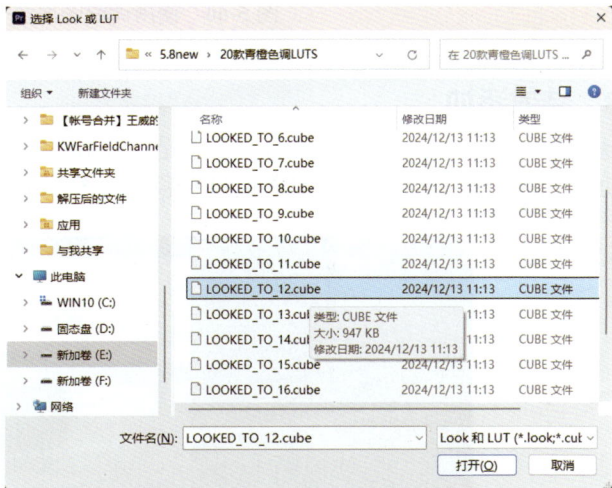

图 5-59 打开一款青橙色调的 LUT

技术解析

LUT，全称为Look-up Table，直译过来就是"查找表"。它是一种将输入颜色值转换为目标颜色值的映射工具。简单来说，LUT就是一张对照表，用于快速查找和替换图像中的颜色信息。也可以把它看作调色滤镜，但与滤镜相比，LUT能提供更精准的色彩调整。LUT通常用于色彩校正和色彩分级，帮助创作者实现理想的视觉效果。

在各种剪辑和后期制作软件当中，有经验的剪辑师总会将各种LUT导入软件中，快速对画面进行调色。因此，常备一些常用的LUT对每一位剪辑师来说都是必要的。

目前，各大硬件品牌的官网均会提供针对自己硬件产品的LUT，例如访问松下（Panasonic）、大疆（Dji）或索尼（SONY）的官网，都可以下载到官方技术型LUT。

另外，不要过度依赖所谓的"万能LUT"，同一款LUT在不同素材上的效果可能完全不同，只有根据实际情况手动微调，才能实现专业效果。

步骤 9 载入 LUT 以后，整个画面的色调发生了改变。也可以尝试下拉菜单中的其他LUT，找到一款你认为最合适的。如果感觉LUT的影响太大了，也可以适当调低"强度"数值，减弱 LUT 的效果。除此之外，还可以调整"Lumetri 颜色"面板中的其他参数，以达到更好的视觉效果（图5-60）。

图 5-60　使用调整图层统一调色

5.8.3　特效添加

步骤 1　商业广告片对画面的要求还是比较高的，如果画面抖动比较厉害，就需要给该镜头添加"变形稳定器"效果，对画面进行稳定（图 5-61）。

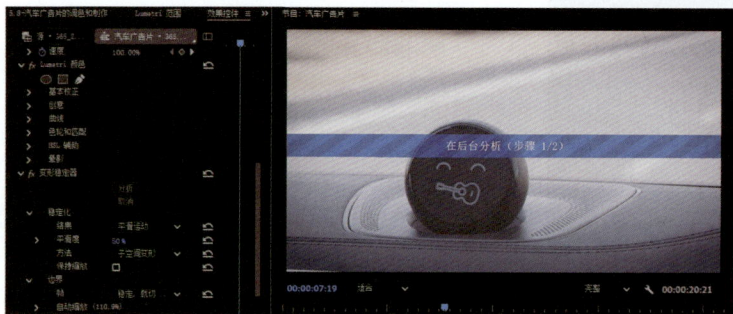

图 5-61　添加"变形稳定器"效果

步骤 2　出于对隐私的保护，还需要给车牌打上马赛克。选中显示了车牌的镜头，添加"马赛克"效果，用前面章节中讲到的方法，给车牌添加马赛克。需要注意的是，有时会因为像素不够或跟踪物体不够明显，导致蒙版跟踪失败，这时就需要手动为"蒙版路径"添加关键帧（图 5-62）。

图 5-62　添加"马赛克"效果

步骤 3　还可以为室外的镜头添加一些光效，以增加画面的光感。添加"镜头光晕"效果，将"光晕中心"设置在画面的左上方，并根据镜头的实际情况，修改"镜头类型"。例如图 5-63 中的画面是用广角镜头拍摄的，因此可以将"镜头类型"修改为"35 毫米定焦"。

图 5-63　添加"镜头光晕"效果

　　步骤 4　结尾的镜头切到 logo 定版的时候有些突兀，可以给两个镜头添加"交叉溶解"的转场，但是画面会弹出"新帧需要分析：单击'分析'"的提示。这是因为前一个镜头添加了"变形稳定器"效果，而转场则增加了这个镜头的长度，所以需要重新对该镜头进行稳定计算（图 5-64）。

　　步骤 5　选中需要重新稳定的镜头，在"效果控件"面板中，点击"变形稳定器"效果下的"分析"按钮，对该镜头重新进行稳定，计算后，之前的提示语就消失了（图 5-65）。

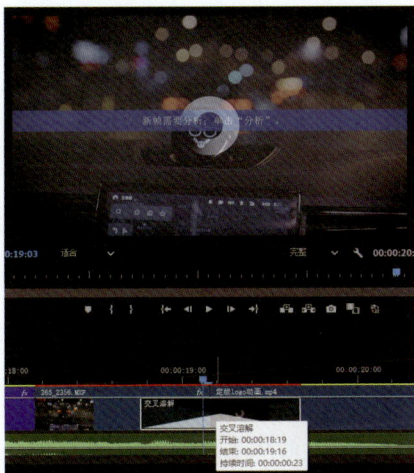

图 5-64　添加"交叉溶解"转场

图 5-65　重新进行稳定分析并计算

步骤 6 根据甲方的要求，需要在开头的几个镜头上添加文字，文字的颜色要和镜头画面区分开，以使文字能够更加突出，最后完成的工程文件如图 5-66 所示。

图 5-66 最后完成的工程文件

> **技术解析**
>
> Premiere并不是一款专业的特效制作软件，因此它自带的特效很少，不能制作很复杂的特效。如果需要制作专业的特效，可以使用Adobe公司的After Effects软件。
>
> 另外，很多商业客户对特效是比较抵触的，例如该汽车品牌就要求广告片中不要加任何的转场，全部镜头都要硬切，镜头也只是要求进行调色和必要的稳定，其他特效一律不许添加。因此在制作时要和客户沟通好。

最终完成的文件是本书配套素材中的"5.8- 汽车广告片的调色和制作 .prproj"文件。

本章小结

本章的主要学习任务是 Premiere 的调色与特效，需要掌握的内容包括 Premiere 的高级调色，以及多个案例中的调色和特效制作技巧。

调色是每一个剪辑师的基本功，不但要求能够熟练掌握软件，还对剪辑师个人的艺术修养要求较高。特效其实并不算是 Premiere 的强项，但是有些常用的特效则必须掌握。

课后拓展

1. 查找并观看一些广告节的获奖作品，欣赏并分析画面的色彩风格。
2. 尝试使用本书所提供的素材，剪辑并制作一部广告片。

第6章
Premiere关键帧动画

● **知识目标**　了解关键帧动画制作的基本原理
　　　　　　掌握使用Premiere制作关键帧动画的流程和方法

● **能力目标**　具备计算机软件的基本操作能力
　　　　　　具有较强的影视作品欣赏能力

● **素质目标**　主动了解国内影视制作技术的发展趋势，树立文化自信
　　　　　　养成严谨的学习和工作态度，具有较强的创新意识

● **学习重点**　关键帧的概念和原理
　　　　　　Premiere "效果控件" 面板中各种属性的意义
　　　　　　Premiere中关键帧动画的制作方法

● **学习难点**　匀速运动和变速运动各自的特点和使用方法

　　迪士尼动画大师格里穆·乃特维克曾说过这样的话：动画的一切皆在于时间点（timing）和空间幅度（spacing）。

　　这句话实际上点出了动画的本质，动画中最重要的两个因素就是"时间"和"空间"。

　　本章就来重点学习一下在 Premiere 中使用关键帧来制作动画的方法。

6.1 ▶ 关键帧的创建与编辑

　　动画中最基本的组成部分就是帧，一帧就是一个画面，而一秒要播出 25 帧左右才会让肉眼感受到流畅的运动效果。

　　无论用哪种软件，在制作动画的时候，最基本的要素都是 key frame，即"关键帧"。

　　"关键帧"是指物体运动或变化中关键动作所处的那一帧，关键帧与关键帧之间的动画可以由软件来创建，称为过渡帧或者中间帧。在图 6-1 中，球体运动的起始点和结束点被设置为关键帧，这两个关键帧之间的中间帧就可以被动画软件自动创建出来。

　　如果希望物体的运动复杂一些，关键帧就要设置得多一些（图 6-2）。

图 **6-1**　软件生成中间帧

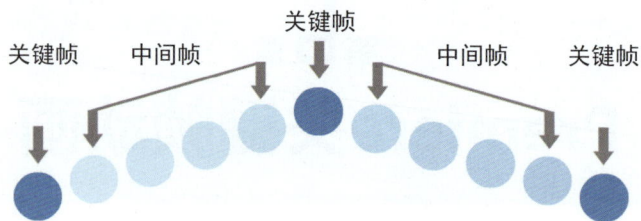

图 6-2　复杂的关键帧动画

　　制作动画的基本流程，是先由制作人员按顺序手动设置好关键帧，再由电脑自动生成中间帧，从而生成动画效果。

　　在 Premiere 中，首先要把素材拖动到时间轴上并选中，然后进入"效果控件"面板，会看到几乎所有的属性前面都有一个小秒表样式的图标，这就是"切换动画"按钮（图 6-3）。

　　点击一下"位置"属性前面的"切换动画"按钮，会看到在时间滑块的当前位置出现了一个点，这就是创建的关键帧（图 6-4）。

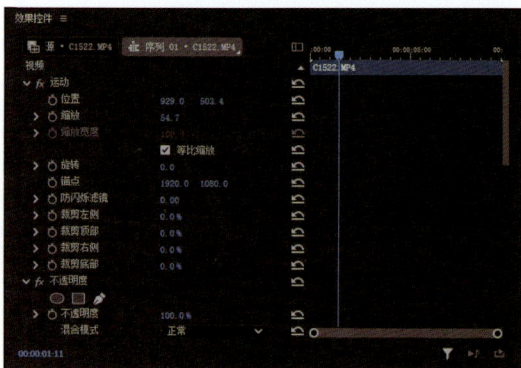

图 6-3　"效果控件"面板

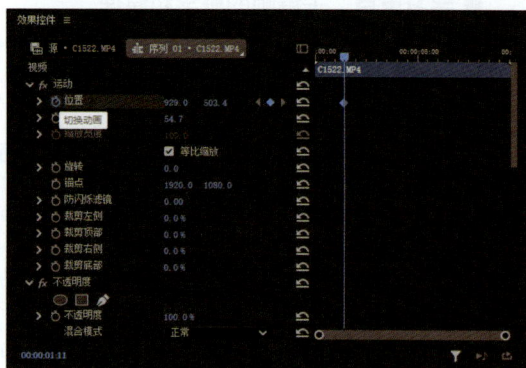

图 6-4　创建关键帧

　　可以使用鼠标左键选中该关键帧，并把它拖动到时间轴的任一位置（图 6-5）。

　　如果想删除动画效果，可以再点击一下"切换动画"按钮，这时会弹出警告"该操作将删除现有关键帧。是否要继续？"，点击"确定"按钮，就可以删除该属性的所有关键帧（图 6-6）。

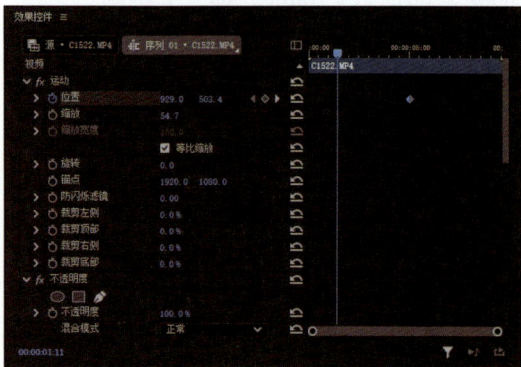

图 6-5　使用鼠标拖动关键帧

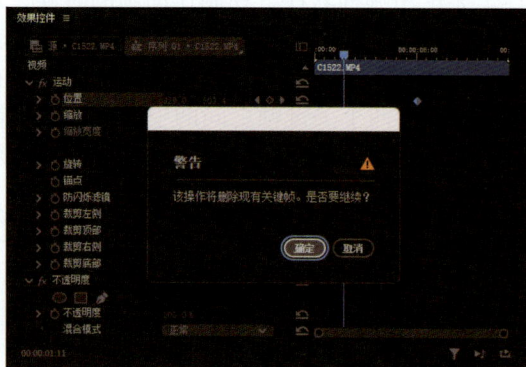

图 6-6　删除所有关键帧

6.2 ▶ 案例演示：推镜头动画

在剪辑时，经常会遇到画面没有动感的情况，这时就需要利用关键帧动画手动制作推拉摇移等运动镜头的效果。

步骤 1 将素材导入项目面板中，这是一个尺寸是 3840 像素 × 2160 像素，摄像机机位不动的固定 4K 镜头（图 6-7）。

视频教程

步骤 2 新建一个 1080p 的序列，因为素材是 4K 的，所以选中素材后，在"效果控件"面板中将"缩放"值调整为 50，使素材缩小到原来的二分之一，能够在 1080p 的序列画面中完整地显示出来。使用前面章节讲到的内容，为素材添加"变形稳定器"，进行画面稳定，并使用"Lumetri 颜色"对其调色（图 6-8）。

图 6-7 导入 4K 视频素材

图 6-8 对素材进行处理

步骤 3 将时间滑块放在时间轴起始位置，在"效果控件"面板中，点击"位置"和"缩放"两个属性前面的"切换动画"按钮，在 0 秒处创建关键帧（图 6-9）。

步骤 4 将时间滑块放到镜头结尾处，将"缩放"值调整为 100，即视频素材以 4K 的尺寸展示，再调整"位置"属性的参数，使人物处于画面中心，调整数值后，两个属性都会自动创建关键帧，按下空格键预览，会看到画面由小变大，固定镜头变成了推镜头的动画效果（图 6-10）。

图 6-9 在 0 秒处创建关键帧

图 6-10 完成推镜头动画效果

技术解析

制作这种推拉摇移运动镜头动画的时候，素材尺寸一定要大于序列尺寸。比如序列是 1080p 的，视频素材就要是4K以上的，这样放大以后，画面不会出现模糊现象。但是缩放的比例不要超出100%，否则画质会受损。

因此，在剪辑制作影视作品时，尽量选择高清的素材，方便制作不同的动画效果。

最终完成的文件是本书配套素材中的"6.2-推镜头动画.prproj"文件。

6.3 ▶ 案例演示：分屏片头动画

动态影像中有一类特殊的手法叫作分屏叙事，是指将一个画面拆分为多个画面，使之能够更加充分和全面地展示内容。

步骤 1　新建一个 1080p 的序列，命名为"旅行日记片头"，再将四张图片素材导入并分别拖入时间轴中（图 6-11）。

步骤 2　在时间轴上分别选中四张图片素材，并在"效果控件"面板中调整它们的"位置"参数，使它们完整地在画面中展示出来（图 6-12）。

图 6-11　导入图片素材

图 6-12　调整图片素材的位置

步骤 3　将时间滑块放在第 1 秒的位置，在时间轴上分别选中四张图片，并在"效果控件"面板中的"位置"属性创建关键帧（图 6-13）。

步骤 4　再把时间滑块放在第 0 秒的位置，选中最左侧的图片，调整"位置"属性参数，将它向左拉出画面，按下空格键，会看到这张图片呈现出由左侧入镜的动画效果（图 6-14）。

图 6-13　为四张图片创建关键帧

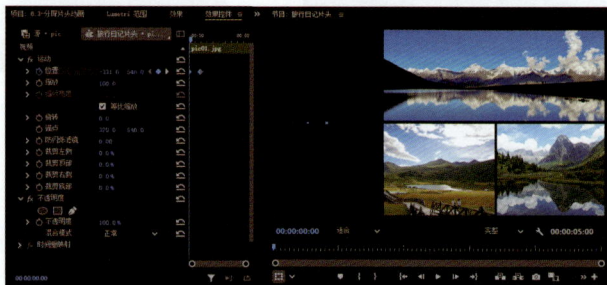

图 6-14　制作入镜动画效果

步骤5 用同样的方法，为其他几张图片制作入镜的动画效果，可以将它们的起始帧依次向后拖顺延几帧，制作出图片依次入镜的效果（图6-15）。

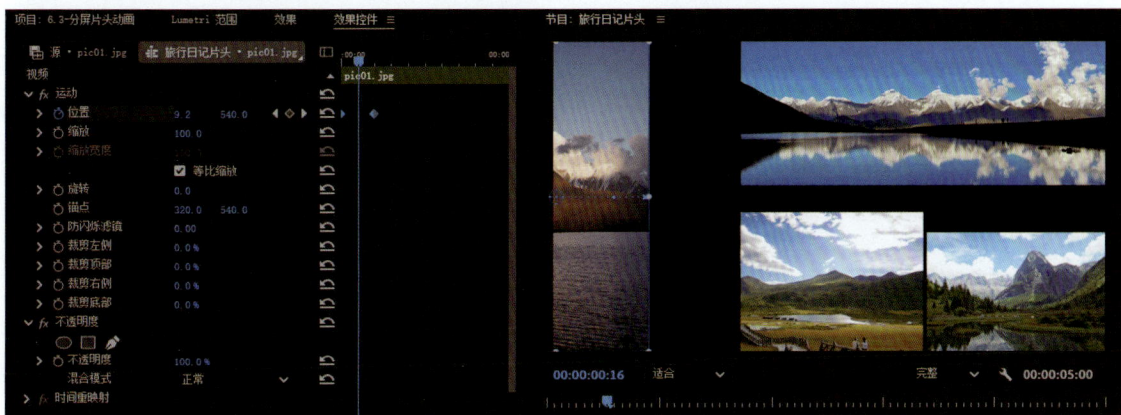

图6-15 制作其他几张图片的动画效果

步骤6 现在的动画是匀速的，如果想增加动画的冲击力，可以框选两个关键帧，点击鼠标右键，在弹出的浮动菜单中点击"临时插值"→"缓入"命令，这是将动画设置为先快后慢缓缓入镜的变速动画效果（图6-16）。

技术解析

临时插值：将选定的插值法应用于运动变化。例如，可以使用"时间插值"来确定物体在运动路径中是匀速移动还是变速移动。

空间插值：将选定的插值法应用于形状变化。例如，可以使用"空间插值"来确定角应当是圆角还是直角。

步骤7 如果觉得动画的冲击力还不够，可以点击"位置"属性前面的小三角，展开它的全部参数，在"速率"中调整运动曲线，如图6-17所示，再次预览动画，会看到图片快速冲入画面后，再缓缓移动到指定位置。

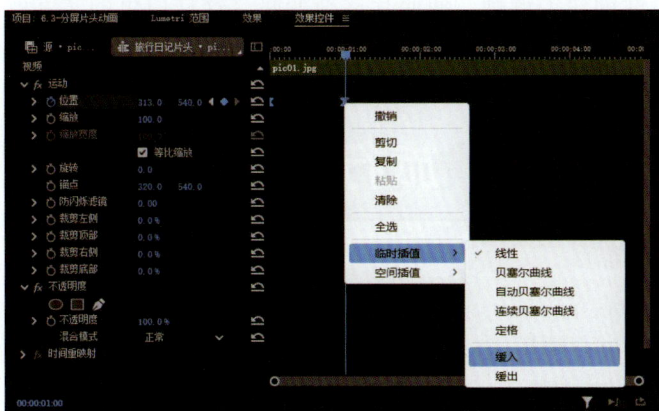

图6-16 制作"缓入"动画效果

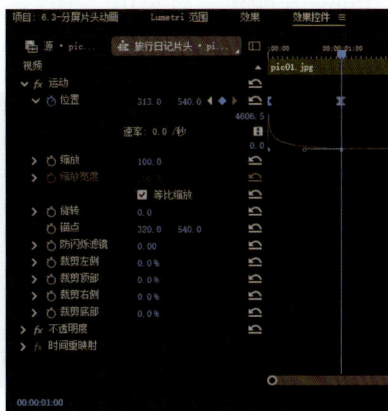

图6-17 调整运动曲线

在现实世界中，几乎所有物体的运动从严格意义上来讲都是变速运动，即随着时间的推移，速度越来越快的加速运动和速度逐渐变慢的减速运动，就像用力抛出去的球一样，刚开始因为受到手的推力，球速会越来越快，但在运动的过程中，球因受到重力和空气阻力的影响，速度会逐渐慢下来，直到停止。因此，在制作动画的时候，绝对的匀速是要尽量避免的，一般要根据具体情况来设置物体的变速效果。

图6-18中，由上到下分别是线性的匀速运动、缓入的减速运动和缓出的加速运动。

图 6-18　三种不同的运动效果

步骤 8　使用工具栏中的"文字工具"，在画面中添加标题，并在"效果控件"面板中，为文字的"不透明度"属性创建关键帧动画，使文字逐渐显示出来（图 6-19）。

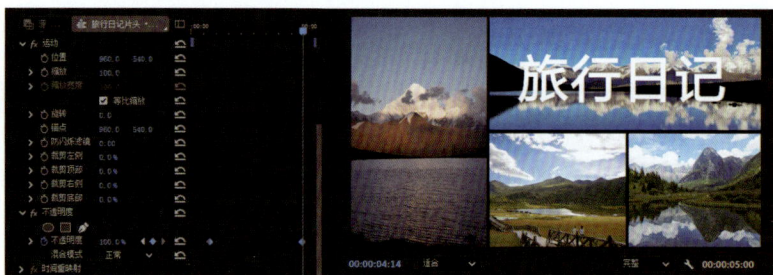

图 6-19　制作文字动画

步骤 9　由于文字的颜色和底部照片的颜色接近，因此可以选中文字底部的照片，在"Lumetri 颜色"效果中，为"曝光"属性创建关键帧，使照片逐渐变暗，这样白色的文字就能够凸显出来了（图 6-20）。

图 6-20　制作图片变暗的动画

步骤 10　如果想改变图片之间边框的颜色，可以在最底部的轨道中创建一个其他颜色的图形，使其作为整个画面的背景色，最终完成的工程文件如图 6-21 所示。

图 6-21　最终完成的工程文件

最终完成的文件是本书配套素材中的"6.3-分屏片头动画 .prproj"文件。

6.4 ▶ 案例演示：希区柯克变焦动画

希区柯克变焦又叫推拉变焦（dolly zoom），这种镜头手法最早运用在惊悚大师阿尔弗雷德·希区柯克（Alfred Hitchcock）的作品《迷魂记》（*Vertigo*）中。电影中在表现一段楼梯的戏时就使用了这样一个特殊的拍摄技巧，在推拉镜头时搭配上变焦镜头效果，制造出被摄主体本身大小不会改变，画面空间被扩张或压缩的视觉效果，从而营造出压迫和扭曲的恐怖戏剧氛围。

视频教程

利用 Premiere 就可以制作这种希区柯克变焦动画。

步骤 1　将素材导入 Premiere 中，这是一个镜头逐渐推进至卡通角色的视频素材（图6-22）。

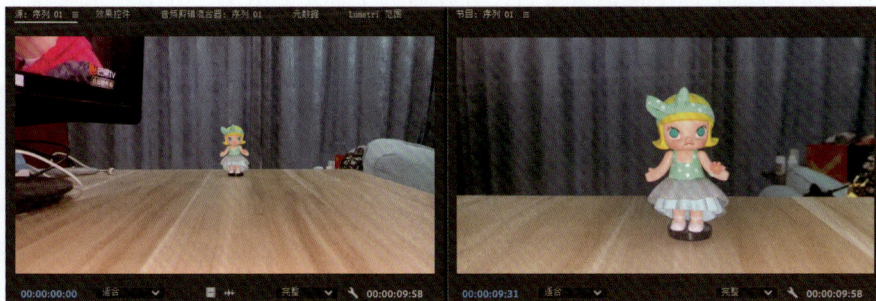

图 6-22　导入视频素材

步骤 2　素材中，需要调整的是镜头推动的那一段内容。为了方便观察和操作，可以先把时间滑块放在镜头刚开始推动的位置，执行菜单中的"标记"→"添加标记"命令，或者直接按下键盘上的"M"键，在该位置处打上一个标记。

步骤 3　将时间滑块放在镜头推动停止的位置，再在此处打上一个标记，这样就能在时间轴上清晰地看到需要调整的起始点和结束点，而且还可以通过按下快捷键 Shift+M 或者 Shift+Ctrl+M 来转到下一标记或转到上一标记（图 6-23）。

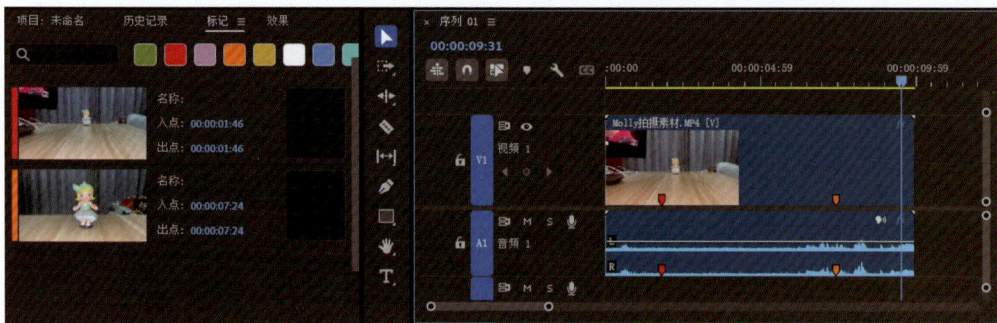

图 6-23   为素材打上标记

接着，需要在推镜头结束的位置，在画面上将卡通角色的位置和大小做一个标记，方便对推镜头其他时间点中的卡通角色进行对位处理。

步骤 4   将时间滑块放在后一个标记点的位置，执行菜单中的"文件"→"新建"→"黑场视频"命令，在项目面板中新建一个黑场视频，并将其拖动到时间轴最上面的轨道上。把黑场视频的不透明度调整为 60%，透出下面的画面，再调整缩放的参数，使黑场视频与卡通角色的顶部和底部对齐（图 6-24）。

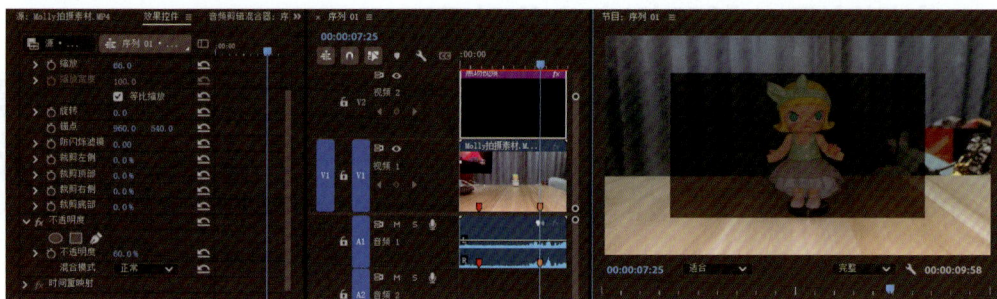

图 6-24   调整黑场视频的大小

步骤 5   在时间轴上选中推镜头素材，并在后一个标记点处为"位置"和"缩放"两个属性打上关键帧（图 6-25）。

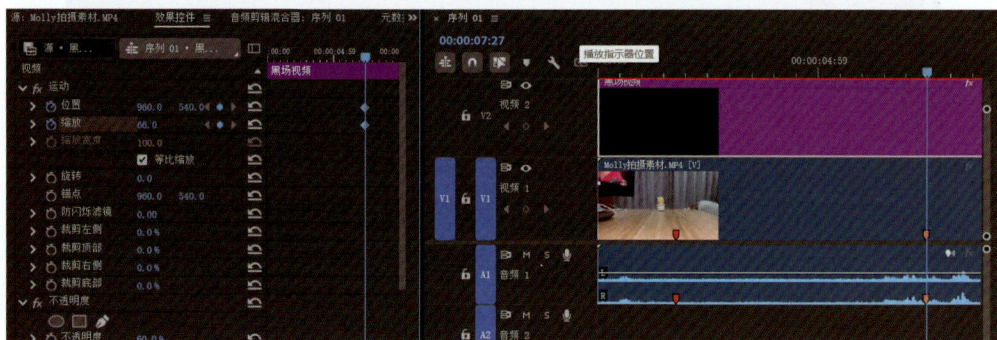

图 6-25   打关键帧

步骤 6   按下快捷键 Shift+Ctrl+M，转到上一个标记点处，调整视频素材的"位置"和"缩放"属性，使该时间点的卡通角色与黑场视频的高度和位置保持一致，调整后，该时间点上也会自动打上"位置"和"缩放"属性的关键帧（图 6-26）。

图 6-26　调整视频素材的位置和缩放

步骤 7　拖动时间滑块，在推镜头的过程中，会发现还有一些时间点上的卡通角色对位不准，对其逐一进行调整，系统也会自动记录"位置"和"缩放"属性的关键帧，直到整个推镜头过程中，卡通角色的位置、大小都尽可能保持一致为止（图 6-27）。

图 6-27　调整其他时间点上卡通角色的位置、大小

步骤 8　对位完成后，黑场视频就没有用了，可以直接将它删掉。

步骤 9　因为该视频素材是手持拍摄的，所以镜头会有一些抖动，在时间轴上将调整好的素材转为嵌套，再添加"变形稳定器"效果进行画面稳定处理（图 6-28）。

图 6-28　添加"变形稳定器"

全部调整完毕后，按下空格键预览，会发现镜头一直在向前推进，但主体卡通角色的大小和位置始终保持不变。这样就通过后期的调整，完成了前期极难拍摄的希区柯克镜头效果。

最终完成的文件是本书配套素材中的"6.4-希区柯克镜头.prproj"文件。

6.5 ▶ 案例演示：UI动画制作

使用 Premiere 也能制作一些简单的 UI 图标动画效果。

步骤 1　将本书配套素材中的序列图导入项目面板中，这是一个三维盒子转动后打开的动画，新建一个 1080 像素 ×1920 像素的竖版序列，并把序列图拖入时间轴中（图 6-29）。

步骤 2　将序列图中的最后一张图片单独导入，并放在时间轴上动画的结尾处，使盒子动画结束后，画面中能继续保持盒子打开的状态，便于在 Premiere 中添加动画效果（图 6-30）。

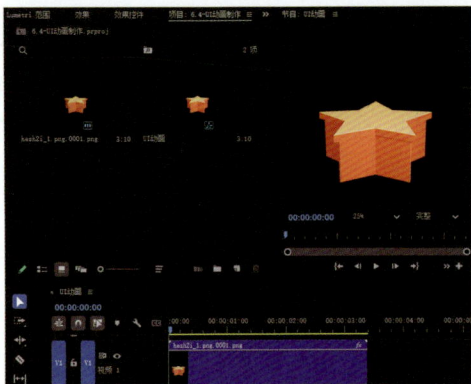

图 6-29　导入序列图素材

图 6-30　调整盒子动画效果

步骤 3　将素材中的特效视频导入，这是一个黑底的粒子动画，把它拖入时间轴并放在盒子动画打开的时间点上，在"效果控件"面板中调整它的"位置"和"缩放"参数，把它放在盒子的中间位置，再把"混合模式"改为"滤色"，去掉黑色背景。使用"不透明度"属性下的"自由绘制贝塞尔曲线"工具，绘制出该特效在画面中显示的范围，使其看上去是从盒子中发出的粒子动画效果（图 6-31）。

步骤 4　在盒子完全打开的位置，为该粒子动画的"蒙版路径"创建关键帧，再把时间滑块拖动到盒子刚打开的位置，使用工具栏中的"选择工具"调整该蒙版路径的形状，形成盒子打开后出现粒子动画的效果。还可以给"不透明度"属性创建关键帧，让粒子动画逐渐显现（图 6-32）。

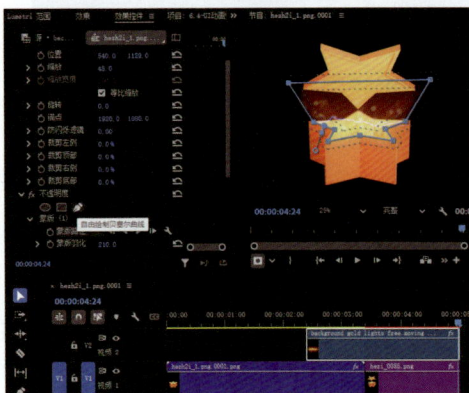

图 6-31　绘制粒子动画蒙版

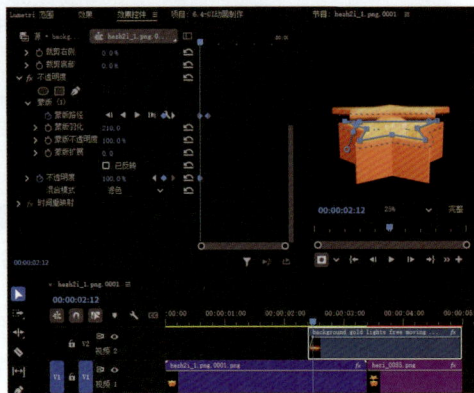

图 6-32　制作粒子动画的显示动画

步骤 5　在"效果"面板中，打开"视频效果"→"生成"文件夹，将"闪电"效果拖拽到时间轴上的盒子动画上，在画面中就可以看到生成了闪电的效果（图 6-33）。

步骤 6　在时间轴上选中盒子动画，在"效果控件"面板中，调整闪电效果的"起始点"和"结束点"的位置参数，使闪电的位置在盒子内部，并将其"宽度"值调高，使闪电效果更加突出（图 6-34）。

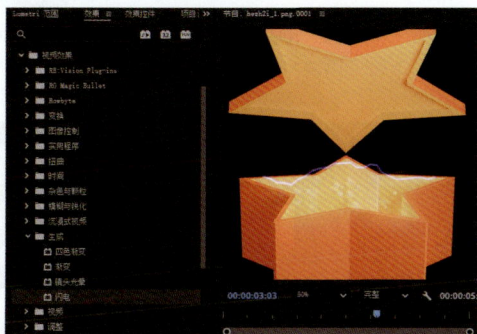

图 6-33　添加"闪电"效果

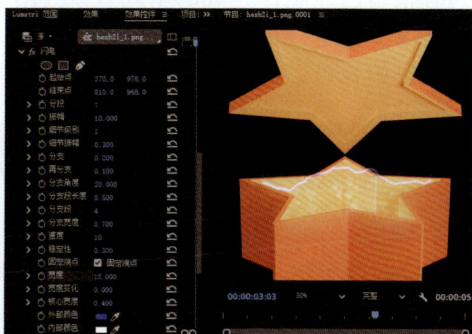

图 6-34　调整"闪电"效果的参数

步骤 7　在盒子完全打开的位置，为"宽度"属性创建关键帧，再到盒子刚打开一点的位置，将"宽度"属性参数设置为 1，这样就形成了盒子打开以后闪电效果才完全展现的渐入动画效果（图 6-35）。

步骤 8　在"效果"面板中，将"视频效果"→"沉浸式视频"→"VR 发光"效果拖拽到盒子动画上，增加画面的光效（图 6-36）。

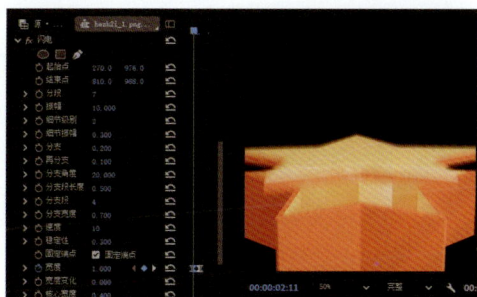

图 6-35　制作闪电渐入的动画效果

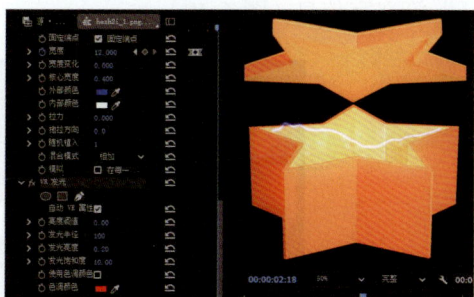

图 6-36　添加"VR 发光"效果

步骤 9　在"效果控件"面板中，按住 Shift 键，分别选中"闪电"和"VR 发光"两个效果，按下快捷键 command+C（macOS）或 Ctrl+C（Windows）复制，再在时间轴面板中选中最后单独的图片，在"效果控件"面板中按下快捷键 command+V（macOS）或 Ctrl+V（Windows）粘贴，将调整好的两个效果复制给最后的图片，使前后效果保持一致，再删除两个效果中的动画，最终完成的工程文件如图 6-37 所示。

最终完成的文件是本书配套素材中的"6.5-UI 动画制作.prproj"文件。

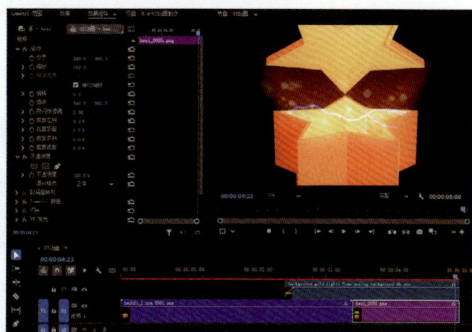

图 6-37　完成的工程文件

6.6 ▶ 案例演示：图形模板的使用和编辑

动态图形模板是 Adobe 公司推出的可修改和调整的动画效果，只提供给 Adobe 旗下的 Premiere 和 After Effects 使用，利用它可以快速创建图形和文字动画。

步骤 1　执行菜单的"窗口"→"图形模板"命令，打开"图形模板"面板，会看到有很多已经制作完成的动画效果（图 6-38）。

步骤 2　新建一个 1080p 的序列，再把"图形模板"中的"游戏开场"动画拖入时间轴中，在预览中就可以看到该动画的效果了（图 6-39）。

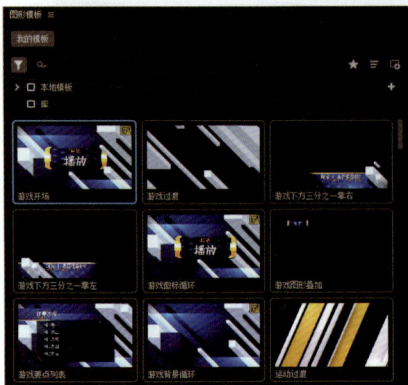

图 6-38　"图形模板"面板

图 6-39　使用"游戏开场"模板

步骤 3　在时间轴上选中"游戏开场"模板，进入"属性"面板中，可以修改"标题"和"字幕"等文字信息（图 6-40）。

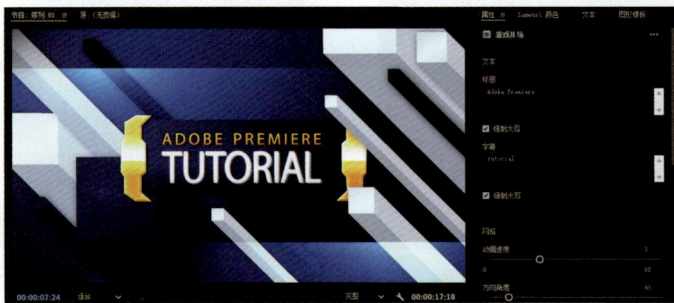

图 6-40　修改文字

步骤 4　还可以在"属性"面板中，调整模板中各种元素的颜色（图 6-41）。

图 6-41　调整颜色

最终完成的文件是本书配套素材中的"6.6-图形模板.prproj"文件。

6.7 ▶ 综合案例演示：炫酷片头制作

片头的原意是指电影、电视栏目或电视剧开头用于营造气氛、烘托气势、呈现作品名称及开发单位等作品信息的一段影音材料。随着电脑的普及以及多媒体技术的发展，目前片头的展示形式、艺术表现形式已经越来越多样化。由于片头决定了观众对影片的第一印象，并且它从总体上展现了影片的风格和气质，以及影片的制作水平和质量，因此片头对整个影片具有非常重要的影响。

如果想要制作一部对自己的学习过程进行总结和回顾的视频，或者是为了应聘、给客户展示自己的制作水平，而想要制作一部集合自己制作过的案例、短片精彩部分的视频作品集，那么就需要为这些视频制作一个酷炫的片头，以此来吸引观众进行观看。下面就以此为例，展示片头的完整制作流程。

片头的长度不需要太长，否则会影响正片的观看效果，本案例的片头时长为6秒。正式制作之前，可以先找一段6秒左右的节奏感强烈的背景音乐，然后卡着节奏点去制作。

视频教程

步骤1 新建一个"黑场视频"，将其拖入时间轴中，添加"颜色替换"效果，并在"效果控件"面板中，将"颜色替换"效果下的"目标颜色"设置为黑色，将"替换颜色"设置为白色，"黑"场视频就变成了"白"场视频，整个视频有了一个白色的底色。

步骤2 将Premiere的图标素材拖入时间轴，放在白色底色的上面，添加"投影"特效，并在"效果控件"面板中调整"投影"的参数，使图标产生立体效果（图6-42）。

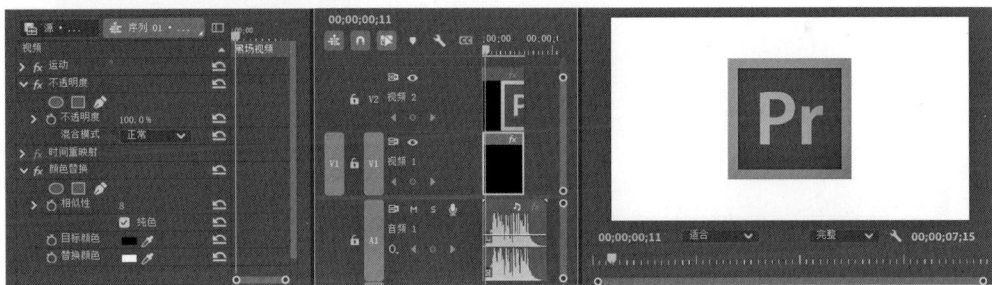

图6-42 制作片头的开头部分

步骤3 在时间轴上选中图标素材，进入"效果控件"面板中，打开"缩放"属性前面的"切换动画"按钮，在第0秒的位置将"缩放"参数设置为0，在第1秒的位置将"缩放"参数设置为40，制作出图标素材放大出场的动画效果（图6-43）。

图6-43 制作图标的出场动画

因为要卡着节奏点进行制作，所以在背景音乐的第一个节奏点上，需要画面有所变化。

步骤 4　将两个轨道剪开，并在第一个节奏点位置，将"黑场视频"的"替换颜色"调整为黄色（图6-44）。将图标的"缩放"参数设置为50，让画面有一个突然的转变。

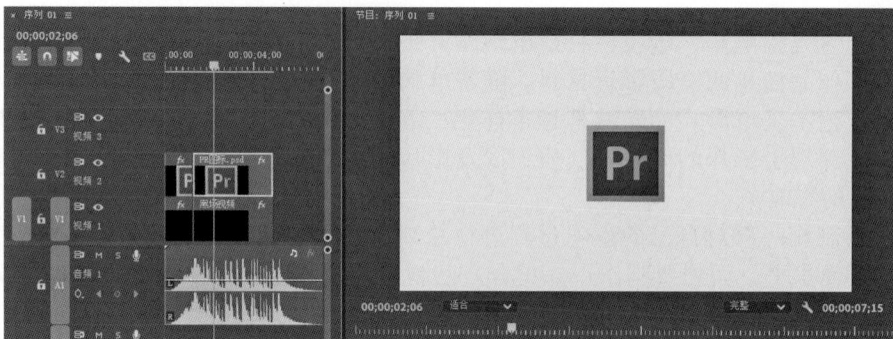

图 6-44　改变背景色

步骤 5　使用工具栏中的"椭圆工具"，按住 Shift 键，在画面的中心绘制一个正圆形，圆形上下部分略超出视图范围。在"属性"面板中，先取消勾选"填充"属性，然后再勾选"描边"属性，并将颜色调整为白色，将大小设置为10px。这样就绘制出两段白色弧线（图6-45）。

图 6-45　绘制白色弧线

步骤 6　将绘制好的白线拖到时间轴的一个节奏点上，再添加"投影"效果，将"投影"效果的"不透明度"改为40%，稍稍增加一些立体感（图6-46）。

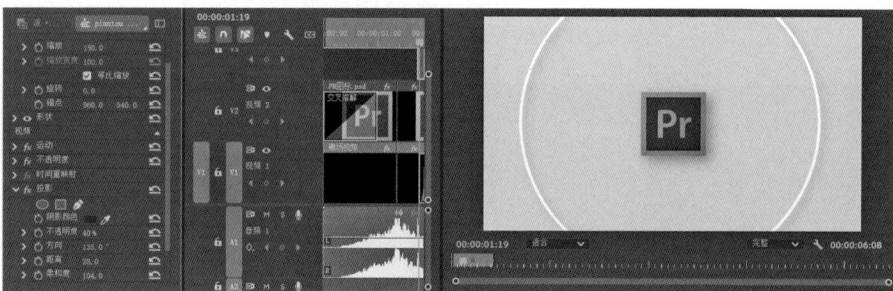

图 6-46　设置"投影"效果

步骤 7 在下一个时间点上，将 3 个视频轨道都裁开，分别将"黑场视频"的底色调整为蓝色，将之前绘制的圆形的"缩放"参数调整为 200（图 6-47）。

图 6-47 设置缩放效果

步骤 8 使用工具栏中的"文字工具"，用同样的方法，制作 P 和 r 两个字母的白色线框效果，并在时间轴上后续两个节奏点的位置，将 P 和 r 分别放在画面的左侧和右侧（图 6-48）。

图 6-48 制作 P 和 r 线框效果

步骤 9 在后续的节奏点上，可以把 Premiere 的图标换成自己的头像或 logo，再把 P 和 r 两个线框字缩小，使其随着节奏点依次出现在画面的右下角（图 6-49）。

图 6-49 添加自己的头像或 logo

接着，再来制作一段节奏密集的快切动画效果，把气氛烘托起来。

步骤10 先将底色换为蓝色，再创建白色线框的"Premiere"文字，复制多个，将它们并排在画面左侧，使其依次出现，还可以把其中一个换成实色效果。再创建 P 和 r 的深蓝色实体字母，将它们放在画面的右侧（图6-50）。

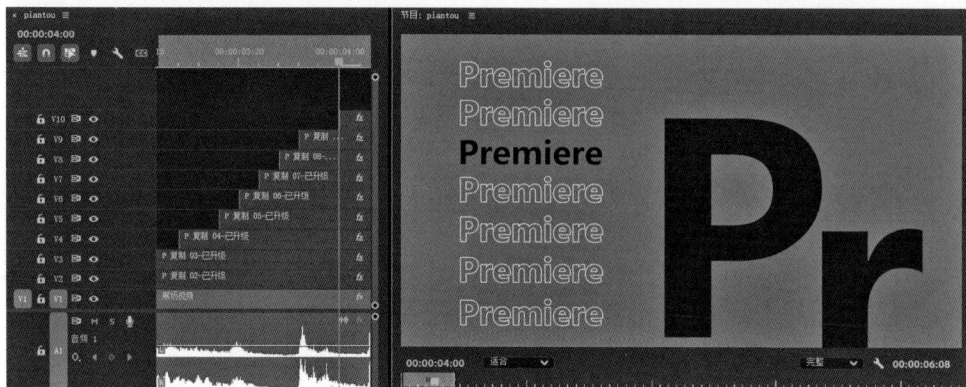

图6-50　制作文字快切动画效果

步骤11 在接下来的一段节奏点中，可以把底色换为紫红色，再创建 Premiere、and、HuKeWang（也可以换成自己的名字）三组文字，使其跟随节奏点依次出现在画面中。

步骤12 现在的底色有点空，可以再导入一段视频素材，并在"效果控件"面板中，将"混合模式"修改为"柔光"，将不透明度调整为50%，使底色有一些动态变化（图6-51）。

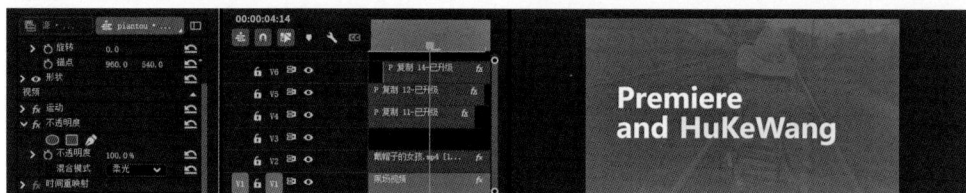

图6-51　将视频素材的混合模式改为柔光

步骤13 在结尾的部分，可以添加 Premiere 的图标，并在下面加上"学习日记"或"作品集"等文字，使它们根据节奏点依次出现，最终的工程文件如图6-52所示。

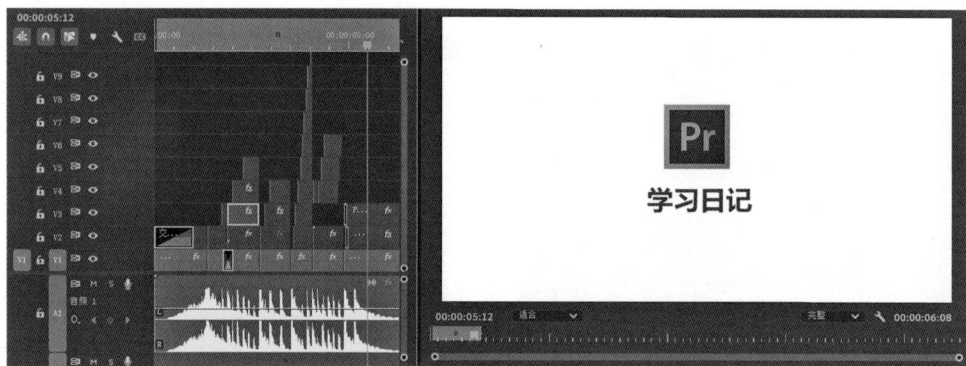

图6-52　最终的工程文件

最终完成的文件是本书配套素材中的"6.7-片头制作.prproj"文件。

　　本章的主要学习任务是 Premiere 关键帧动画的制作，需要掌握的内容包括 Premiere 关键帧的创建与编辑，以及多个关键帧动画案例中的制作技巧。

　　动画并非 Premiere 的强项，但却是对剪辑制作的有益补充，可以极大地丰富影视作品的表现形式，因此，需要认真学习本章节的内容，并将学习到的关键帧动画制作技术运用到后续的影视作品创作中。

　　1. 使用自己拍摄或网上查找的素材，以"美丽的家乡"为主题，制作一部分屏动画片头。

　　2. 尝试为自己喜欢的影视节目设计并制作一部炫酷的片头动画。

第 7 章
Premiere声音处理和字幕添加

- **知识目标**　了解声音的基本原理
　　　　　　　了解字幕在影视作品中的作用和使用规范

- **能力目标**　具备计算机软件的基本操作能力
　　　　　　　具有较强的影视作品欣赏能力

- **素质目标**　主动了解国内影视制作技术的发展趋势，树立文化自信
　　　　　　　养成严谨的学习和工作态度，具有较强的创新意识

- **学习重点**　声音的相关概念和属性参数
　　　　　　　Premiere中声音的处理和剪辑方法
　　　　　　　Premiere中字幕的制作和调整方法

- **学习难点**　使声音与画面相配合，并对气氛起到渲染和烘托的作用
　　　　　　　Premiere新功能"自动识别语音内容"的使用方法

视频作品中包含图像和声音两大要素，分别对应着观众的视觉和听觉。毋庸置疑，图像在视频中十分重要，但其实声音跟图像一样重要，甚至在特定的场合下，声音会比图像更加重要。

在一部视频作品中，背景音乐是最常见的声音形式，需要采用不同风格的背景音乐来为不同的情节烘托气氛。音乐能够直接影响人的情绪，在倾听音乐的时候，人的心率会受到音乐节奏的影响，快节奏的音乐会使人心跳加快，而慢节奏的音乐会让人心跳变慢，使整个人放松下来。

人物之间的对白是另一种常见的声音形式，也是推动影视作品情节发展的重要元素。为了使对白内容能够准确传达给观众，往往需要在画面中添加字幕。

本章就来重点学习一下 Premiere 中声音和字幕的制作方法。

7.1 ▶ 声音的基本属性

在 Premiere 中，声音分为四种，即对话、音乐、SFX（音效）和环境。

对话：也称对白，指视频中所有人物相互之间的对话。

音乐：即背景音乐（background music，BGM），也称伴乐、配乐，通常是指在视频中用于烘托气氛的一种音乐，能够增强情感的表达，使观众产生身临其境的感觉。

SFX（音效）：即声音特效，例如爆炸声、击打声、破碎声等，甚至还可以创作一些现实中无法采集的音效，例如宇宙中的空鸣声、植物的呼吸声等。

环境：即环境音，指的是画面中的各种环境声音，例如嘈杂的人声、街道上汽车的声

音、树林中的鸟叫与虫鸣声、河边潺潺的水声等，这些环境音的存在是为了增加场景的真实程度。

以上几种声音中，环境音是需要在拍摄时同期录制的，对白可以同期录制也可以拍摄完后进行配音，而背景音乐则需要在后期剪辑时添加。

在背景音乐的设计中，需要充分考虑视频想要表达的意境。如果是感情戏，一般需要使用节奏较慢的管弦乐或钢琴曲来营造氛围；如果是喜剧，一般会使用节奏较快的背景音乐来烘托气氛。

无论是什么样的声音，都会有自己的声道数量和相关信息。可以在 Premiere 的项目面板中，用鼠标右键点击素材文件，选择"属性"命令，在弹出的属性面板中查看"源音频格式"来获取这些信息。以图 7-1 中的音频属性为例，其中 48000 Hz 是音频采样率，立体声是指音频分为左右两个声道。

图 7-1 文件的属性

音频采样率（audio sample rate）是指录音设备在一秒钟内对声音信号的采样次数，采样频率越高，声音的还原就越真实、越自然。在数字音频领域，常用的采样率有如下几种。

8000 Hz：电话常用采样率，对于人们的交流来说已经足够；

11025 Hz：能达到 AM 调幅广播的声音品质；

22050 Hz 和 24000 Hz：能达到 FM 调频广播的声音品质；

32000 Hz：便携式摄像机所拍摄的数码视频常用采样率；

44100 Hz：CD、VCD、SVCD 中音频常用采样率；

47250 Hz：商用 PCM 录音机录制的音频常用采样率；

48000 Hz：数字电视、DVD、电影和专业音频中的数字声音常用采样率；

50000 Hz：商用数字录音机录制的音频常用采样率；

96000 Hz 和 192000 Hz：DVD-Audio 音轨，BD-ROM（蓝光光盘）音轨和 HD-DVD（高清晰度 DVD）音轨常用采样率。

声道（sound channel）是指声音在录制或播放时，在不同空间位置采集或回放的相互独立的音频信号，所以声道数也就是声音录制时的音源数量或回放时相应的扬声器数量。

在 Premiere 中，若要查看和修改素材的声道，可以在项目面板中用鼠标右键点击素材，在弹出的浮动菜单中执行"修改"→"音频声道"命令，会弹出"修改剪辑"面板，其中"音频声道"会显示出该素材的所有声道（图 7-2）。

图 7-2　"修改剪辑"面板

Premiere 中默认的声道格式有 4 种，分别是单声道、立体声、5.1、自适应。

单声道（mono）：只有一个声道。单声道是比较原始的声音复制形式，是把来自不同方位的音频信号混合后由录音器材统一记录下来，再由一只音箱进行播放。

立体声（stereo）：有左、右两个声道，模拟并对应人的两只耳朵，能够达到很好的声音定位效果。这种技术在音乐作品中尤为有用，可以让听众清晰地分辨出各种乐器来自哪个方向，从而使音乐更富感染力，带给观众更好的临场感受。立体声技术广泛运用于自 Sound Blaster Pro 以后的大量声卡中，成为影响深远的一个音频标准。

5.1：即 5.1 声道，由 5 个喇叭和 1 个超低音扬声器组成，可以实现一种沉浸式音乐播放效果。它是由杜比公司开发的，所以也叫作"杜比 5.1 声道"。它共有 6 个声道，分别是中央声道、前置左声道、前置右声道、后置左声道、后置右声道和重低音声道。

自适应：可以自由选择 1~32 个声道。

在一般情况下，视频作品都会使用立体声来进行制作，即将声音分为左、右两个声道。它的优点主要是：

①具有各声源的方位感和分布感；

②能提高声音信息的清晰度和接收度；

③能提高影视作品的临场感、层次感和透明度。

5.1 声道不但制作更为复杂、成本更高，而且需要观众有专业的 5.1 播音设备，所以一般只用于在影院播放的影视作品中。

7.2 ▶ 案例演示：vlog的声音处理

很多 vlog 作品是由手机拍摄的，声音录制设备基本上都是自带耳机，所以声音中会有很多杂音需要处理。

视频教程

7.2.1　同期声降噪处理

步骤 1　先将素材导入 Premiere 的时间轴上，点击界面上方的"音频"按钮，切换到"音频"工作区，这时 Premiere 的主界面会发生变化，一些对应的音频设置面板也会显示出来，可以更加方便地对声音进行调整和处理（图 7-3）。

图 7-3　"音频"工作区

　　按下空格键预览下声音效果，可以听到这是一段博主说话的同期声，但因为是在户外用自带耳机录制的，所以有较大的风声和噪声，这就需要对声音进行降噪处理。

　　步骤 2　在时间轴上选中该素材，在右侧的"基本声音"面板中，点击"对话"按钮，将该声音素材设置为对话音频类型（图 7-4）。

　　步骤 3　界面会自动转入"对话"面板，下面所有的属性参数都是针对修复对话音频而设置的（图 7-5）。

图 7-4　设置为对话

图 7-5　修复的选项

　　减少杂色：可以降低背景中的噪声，特别是风声、雨声这种环境噪声。

　　降低隆隆声：降低 80Hz 以下的低频声音，比如引擎、车辆的声音等。

　　消除嗡嗡声：降低电子干扰的嗡嗡声，在美洲，这种声音是在 60Hz 以内，而在欧洲、亚洲和非洲，是在 50Hz 以内。

　　消除齿音：降低刺耳的高频声音，例如在录音时很常见的咝咝声。

　　步骤 4　因为案例中的主要噪声是自然环境音，因此先开启"减少杂色"选项，然后预览下素材，会发现环境噪声已经明显消除很多了。之后可以将"减少杂色"的参数设置为 7.0，使降噪幅度再大一些（图 7-6）。

　　步骤 5　进行降噪处理后，可以再提高一下同期声的清晰度。"透明度"栏中的动态、EQ（图 7-7），以及人声增强属性，都可以用于提升清晰度。

图 7-6　设置减少杂色参数 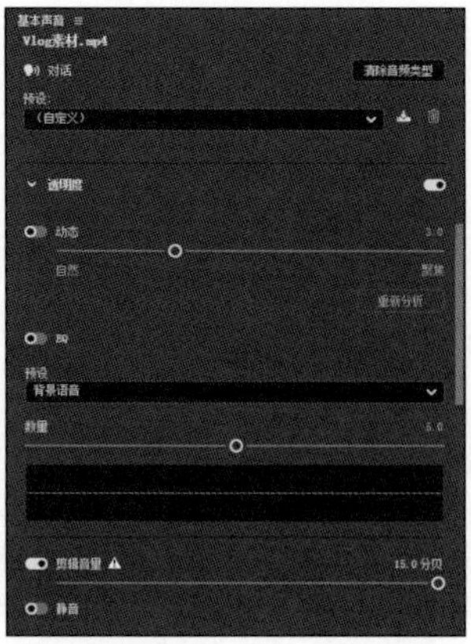　　　图 7-7　透明度一栏中的各项属性

动态：增加或减少音频的动态范围，即录制的音频中最安静和最响亮部分的音量范围。

EQ：在不同的频率应用不同的音量调整。它有很多预设参数，可以直接一键使用。

人声增强：可以针对高音或低音来提升清晰度。

步骤 6　因为本案例中的博主是男性，声音比较低沉，所以可以开启"人声增强"选项，并点击"低音"，再预览一下素材，就会发现其说话声音被放大了。

步骤 7　如果觉得整体的音量还是不够大，可以在"基本声音"面板的最下面，调高"剪辑音量"的分贝数值，这样就可以提高音量了（图 7-8）。

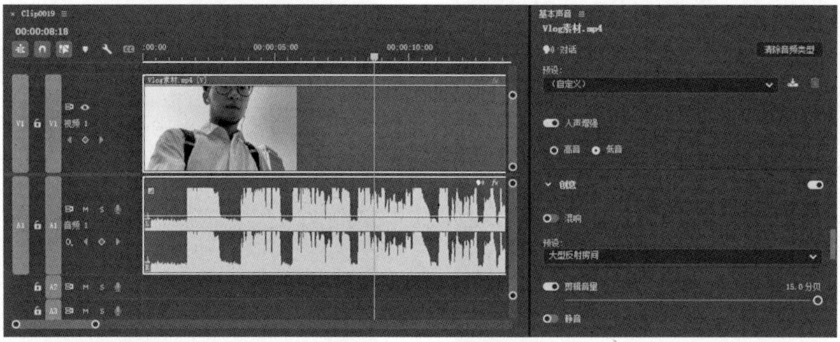

图 7-8　提高音量

7.2.2　背景音乐和音效的处理

步骤 1　导入一段背景音乐，因为视频素材的长度只有 20 秒，背景音乐却有将近 3 分钟，所以就需要对背景音乐进行裁剪（图 7-9）。

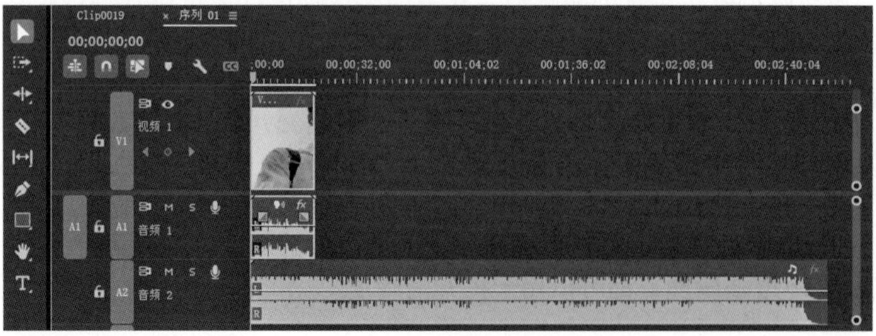

图 7-9　导入背景音乐

步骤 2 裁剪后，会发现背景音乐结束的时候过于突然，这时可以在"效果"面板中，逐一点开"音频过渡"→"交叉淡化"文件夹，将"恒定功率"效果拖动到背景音乐的结尾处，再使用"选择工具"将它拉长，在博主说完话以后就开始逐渐降低背景音乐的音量并淡出（图7-10）。

图 7-10　处理背景音乐结束部分

步骤 3 再次预览后会发现，背景音乐的声音太大，已经压住博主说话的声音了。可以在"音频剪辑混合器"面板中，将背景音乐所在的"音轨2"音量调整为－10 dB，降低音乐的音量，突出博主说话的声音（图7-11）。

图 7-11　调低背景音乐的音量

步骤 4 好的音效对于烘托气氛很有帮助。在本案例中，为了突出轻松的气氛，在几个说话间歇的位置插入了卡通音效，最终完成的工程文件如图7-12所示。

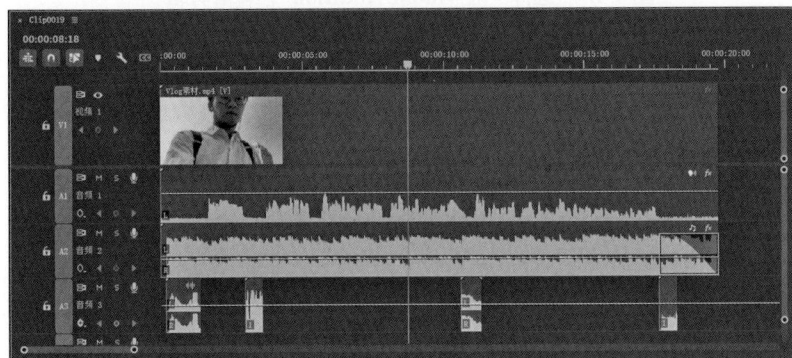

图 7-12　添加音效后的工程文件

最终完成的文件是本书配套素材中的"7.2-同期声处理.prproj"文件。

7.3 ▶ 案例演示：Adobe Audition声音降噪处理

Audition，即 Adobe Audition（前名为 Cool Edit Pro），简称"Au"，是一款多音轨的声音编辑软件，支持 128 条音轨、多种音频格式、多种音频特效，可以很方便地录制音频，并对音频文件进行降噪、修改、编辑、合并等操作。

因为同属于 Adobe 公司的软件，所以 Premiere 和 Audition 是可以无缝连接进行配合制作的。本案例将详细演示操作过程和步骤。操作之前，要先在电脑上安装 Adobe Audition 软件。

视频教程

步骤1 将素材导入 Premiere 的时间轴上，这是一段用 SONY 专业摄影机拍摄的采访画面，有 4 个音轨，但其中有两段是没有任何声音的（图 7-13）。

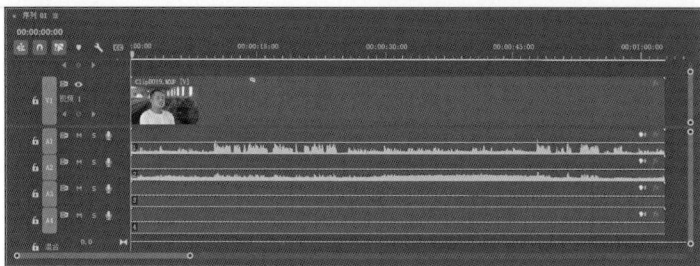

图 7-13　4 个音轨的素材

步骤2 先在时间轴上用鼠标右键点击素材，在弹出的浮动菜单中选择"取消链接"，然后选中没有声音的音轨并删除。选择人物声音相对清晰的音频轨道，按下鼠标右键，在弹出的菜单中选择"在 Adobe Audition 中编辑剪辑"，这时电脑会自动打开 Adobe Audition 软件（图 7-14）。

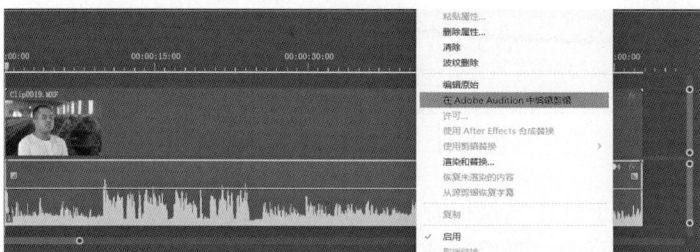

图 7-14　选择"在 Adobe Audition 中编辑剪辑"

步骤3 在 Audition 中，音频会以波形的形态展示出来。按下空格键进行预览，仔细分辨一下音频的哪些部分是没有人声的环境音，也就是将要消除的噪声（图 7-15）。

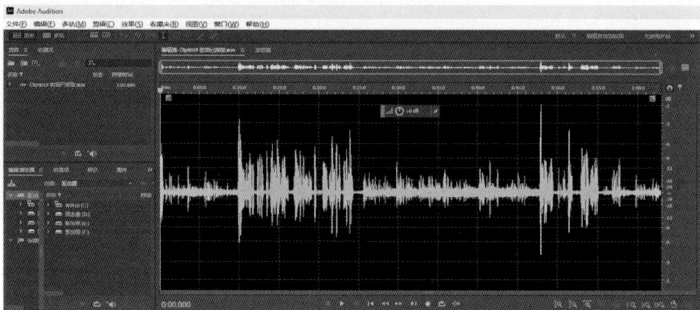

图 7-15　Audition 的主界面

步骤4 用鼠标左键框选环境音的部分，按下鼠标右键，在弹出的浮动菜单中点击"捕捉噪声样本"，Audition会将这部分声音定义为噪声，然后再进行处理（图7-16）。

图7-16 捕捉噪声样本

步骤5 执行菜单的"效果"→"降噪/恢复"→"降噪（处理）"命令，在弹出的"效果-降噪"窗口中，先点击"选择完整文件"按钮，选中整条音频，再按下"应用"按钮，进行整体降噪（图7-17）。

图7-17 降噪处理

这时可以听下声音效果，如果噪声还是比较严重的话，可以再采集另一部分的噪声样本，然后再整体降噪。

步骤6 降噪完成后，可以执行Audition菜单的"文件"→"保存"命令，再返回到Premiere中时，音轨就会被替换为Audition降噪处理过的音频文件了（图7-18）。

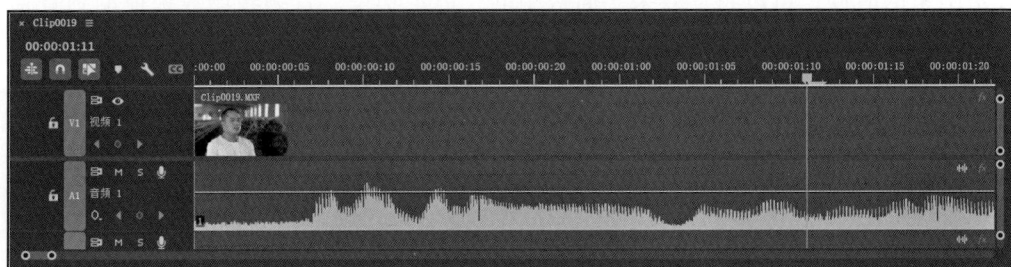

图7-18 替换后的音频文件

最终完成的文件是本书配套素材中的"7.3-AU降噪处理.prproj"文件。

7.4 ▶ 综合案例演示：动画片的声音剪辑

很多剪辑师在制作影视作品时，往往只重视画面的处理，而忽视了声音的剪辑。其实，在一部优秀的影视作品中，丰富又恰到好处的声音剪辑与设计往往是至关重要的。

动画片是声音剪辑最复杂的影视作品类型之一，因为没有前期的同期声、环境音，一切都要由剪辑师重新构思、设计、创作并剪辑。本案例就是为一部动画片进行声音剪辑，包括背景音乐、环境音、音效和对话。

步骤1 将素材导入Premiere的项目面板中，包括一部没有声音的、时长2分钟的动画片，以及几十个不同的声音素材。新建一个1080p的序列，并将动画片拖入时间轴中（图7-19）。

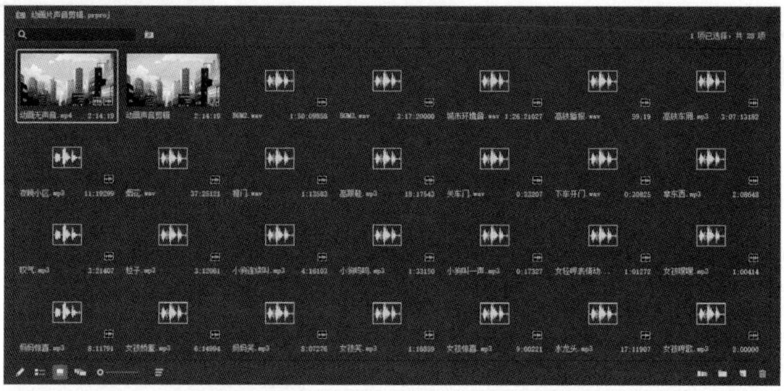

图7-19 导入动画片和声音素材

> **技术解析**
>
> 声音剪辑对技术的要求不高，但是对剪辑师的艺术素养要求较高。
>
> 在拿到要进行声音剪辑的视频时，要从头到尾认真观看几遍，深入理解剧情，并规划一下该用怎样的气氛去烘托画面。
>
> 本案例中要做的是一部以放假回家过年为主题的动画片，它的剧情主线是"女主角放假下班→在回家的路上→到家→和父母一起过年"。而女主角的情绪可以分为两个阶段，即回家时的归心似箭和到家后的幸福快乐。这就可以通过两段背景音乐的变化去展现。

步骤2 选择一段正常的背景音乐，放在动画片的前半部分，等到画面进入到女孩推开家门的时候，再切换成一段热烈的背景音乐，把女主角到家以后开心的气氛烘托起来。当一段背景音乐结束的时候，可以将"效果"面板中的"恒定功率"音频转场效果拖动到背景音乐的结尾处，使音乐有淡出的效果（图7-20）。

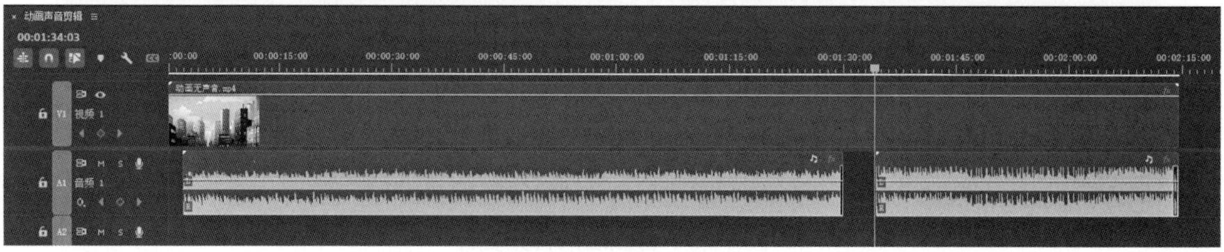

图7-20 剪辑背景音乐

动画片与实拍镜头最大的区别是没有环境音，比如街道上嘈杂的声音、旷野中的风声、林间的鸟叫声、马路上车来车往的声音等。这些声音能够让观众有身临其境的感觉，需要在后期剪辑的时候去添加。

步骤 3 将素材中合适的环境音放在不同的画面中，需要注意的是，要根据镜头的远近调整环境音的音量，例如在马路旁边的时候，嘈杂的声音要大一些，当女主角坐在车上的时候，因为车窗玻璃的阻隔，可以将嘈杂的声音调低一些。另外，前半部分在路上、火车站里、火车上、汽车上时需要环境音，回到家以后，就没必要再加环境音了，可以通过添加人物的说话声等丰富声音效果（图 7-21）。

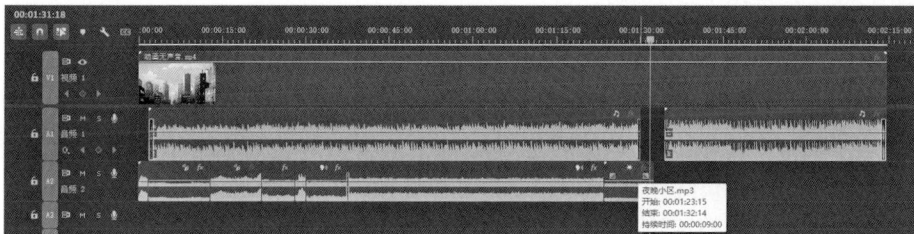

图 7-21 剪辑环境音

步骤 4 在正常情况下，一部影视作品的声音包含背景音乐、环境音、人声、音效等。因为这部动画片里是没有对白的，因此可以从素材中找一些合适的语气声、笑声等剪辑进去，另外还可以为片中的小狗添加一些音效（图 7-22）。

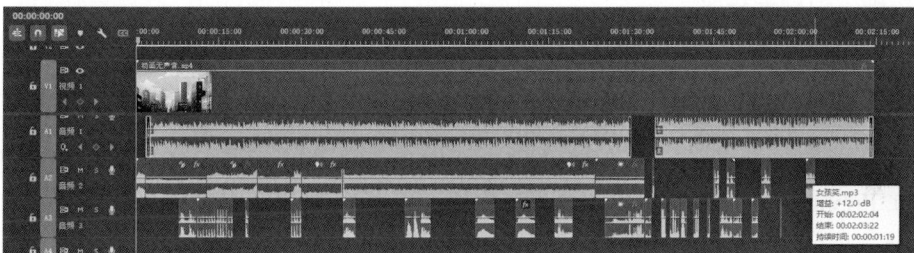

图 7-22 剪辑人声

步骤 5 继续添加一些音效，例如开车门、关车门、走路、站台广播等的音效，并根据实际情况调整时间轴上声音文件的音量，最终的工程文件如图 7-23 所示。

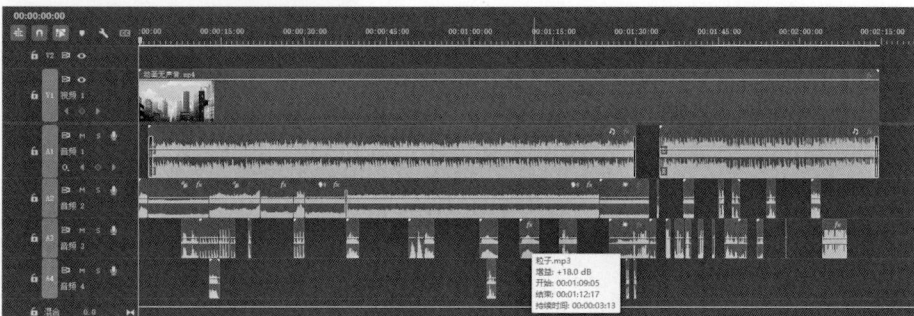

图 7-23 声音剪辑的工程文件

最终完成的文件是本书配套素材中的"7.4- 动画片声音剪辑 .prproj"文件。

7.5 ▶ Premiere中的字幕制作

字幕（subtitles of motion picture）是指以文字形式显示在电视、电影、舞台作品中的对话等非影像内容，也泛指影视作品后期加工的文字。在影视作品画面中出现的种种文字，如影片的片名、演职员表、唱词、对白、独白、说明词、人物介绍、地名以及年代等都属于字幕。

将视频的语音内容以字幕方式显示，可以帮助听力较弱的观众理解节目内容。并且，由于很多字词同音，观众只有通过将字幕和音频相结合来观看，才能更加清楚节目内容。

优秀的字幕须具备以下5大特性。

①准确性：成品无错别字等低级错误。

②一致性：字幕要和音频的陈述内容保持一致，这对观众的理解至关重要。

③清晰性：音频的完整陈述内容，均需用字幕清晰地呈现在画面中。

④可读性：字幕出现的时间要足够观众阅读，字幕应与音频同步且不遮盖画面本身有效内容。在正常情况下，观众阅读文字的速度是4字/秒。

⑤同等性：字幕应完整传达视频素材的内容和意图，二者内容同等。

视频中有对话或独白（monologue）的话，一般需要在屏幕下方显示相关的字幕，这也是影视作品中最常见的字幕形式。

出于简洁的考虑，字幕中是不需要出现标点符号的，如果需要分句，可以在句与句之间用2~4个空格来隔断。

字幕一般使用的是黑体，因为黑体字笔画粗细一致，有较强的识别度，而宋体字"横"的笔画比较细，识别度较弱。

字幕一般使用白色或黑色，如果字幕的颜色和画面过于接近，可以给字幕添加阴影、底色等效果。

在Premiere中制作字幕，要先执行菜单的"窗口"→"文本"命令，打开"文本"面板，点击"创建新字幕轨"按钮，然后从弹出窗口中选择"字幕"，按下"确定"按钮（图7-24）。

这时在Premiere的时间轴最上方会新建一个"字幕"轨道，专门用来放置字幕文件，"文本"面板也会自动转入"字幕"界面中，点击上方的"添加新字幕分段"按钮，就会创建出一段字幕，左侧是字幕的持续时间，右侧是输入的字幕文本，可以逐段将同期声或独白的文字内容输入进去，在"属性"面板中可以调整字体、大小、颜色等属性（图7-25）。

图7-24 新建"字幕"

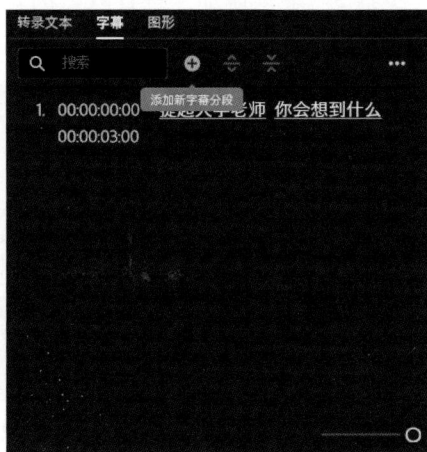

图7-25 添加新字幕分段

继续创建多段字幕，并将它们在"字幕"轨道上排好顺序（图 7-26）。

图 7-26　继续创建多段字幕

将所有字幕输入完以后，使用"选择工具"，调整每一段字幕在时间轴上的位置和时长，使其匹配独白和同期声的音频文件（图 7-27）。

图 7-27　在时间轴上调整字幕

7.6 ▶ 案例演示：教程类视频片头制作

随着自媒体和短视频的不断发展，教程类视频作为其中的一个方向，受到越来越多的关注。一般的教程类视频，在开头的时候都会以字幕的形式告诉观众要讲解的内容。画面中还会出现一些制作机构的信息，用于宣传该机构。

视频教程

7.6.1　字幕制作

步骤 1　将素材导入 Premiere 的时间轴上，这是一个讲解软件操作的录屏视频素材。

步骤 2　使用工具栏中的"矩形工具"，在画面中绘制出一个矩形，再使用"选择工具"，将它移动到画面的底部（图 7-28）。

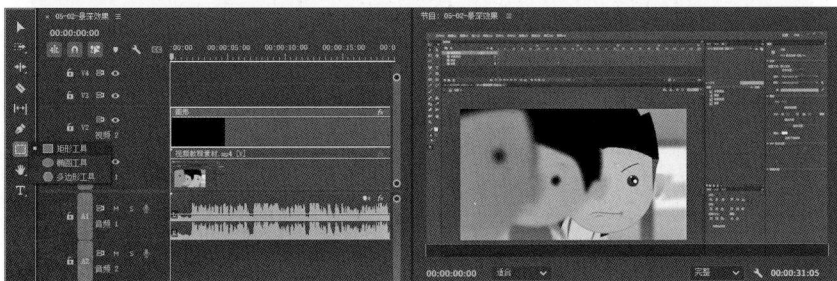

图 7-28　绘制矩形

步骤 3 在"效果控件"面板中，可以在"形状"→"外观"属性中，调整矩形的颜色。将"填充"色设置为纯黑色，将"不透明度"设置为80%（图7-29）。

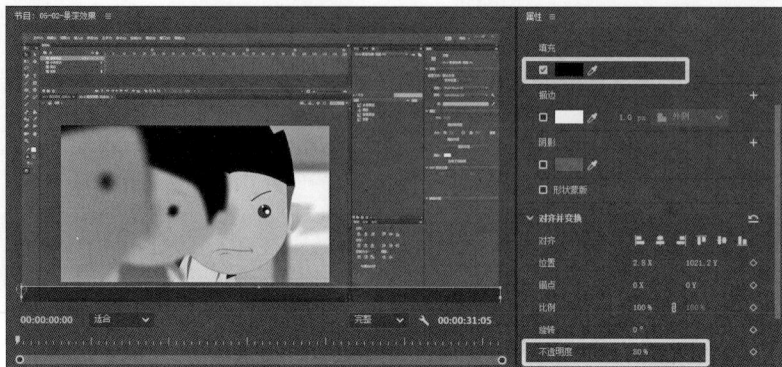

图 7-29 设置矩形的属性

步骤 4 使用工具栏中的"文字工具"，在画面中输入标题文字，例如该教程视频出品方的信息等，然后在"属性"面板中，将文字的颜色设置为黄色，并调整其大小，再使用"选择工具"将文字移动到右下角的黑色矩形上（图7-30）。

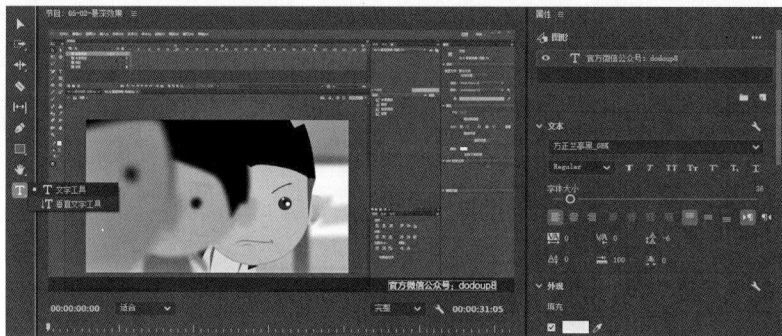

图 7-30 创建并调整文字

与 Premiere 中的"字幕"相比，"文字工具"更加直接，而且各项参数的调整更加灵活，因此一般在需要复杂效果字幕的时候使用。

步骤 5 再使用"文字工具"，输入视频教程出品方的名称，将其放在画面的左下角，可以分别选中其中一个或多个文字，单独调整其颜色、字体、大小等属性（图7-31）。

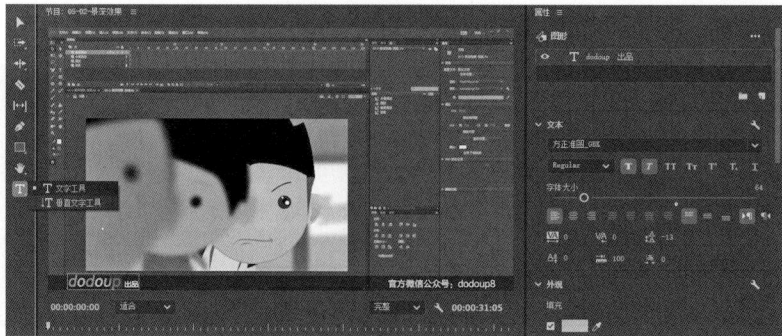

图 7-31 继续创建文字

因为这个教程视频有老师讲解的声音，所以需要配上字幕。在最新版 Premiere 中，也加入了自动识别语音内容的功能，可以一键式快速生成字幕。

步骤 6 在"文本"→"字幕"面板中，点击"从转录文本创建字幕"的按钮，在弹出的"创建字幕"浮动窗口中，设置好要识别的"语言"，这里选择的是"简体中文"。因为视频教程中只有一位发言人，所以将"发言者标签"设置为"不，不要区分发言人"，最后点击底部的"转录和创建字幕"按钮（图 7-32）。

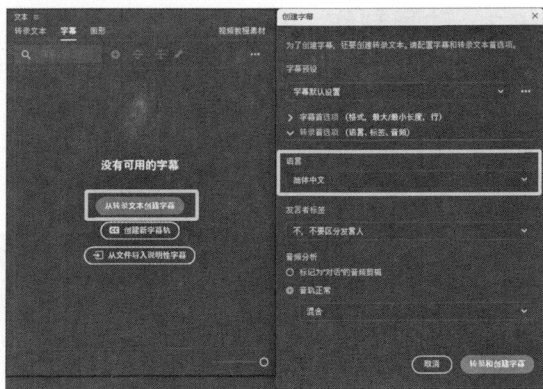

图 7-32　自动识别语音内容设置

步骤 7 经过识别语音内容以后，Premiere 会自动在时间轴上创建字幕轨道，并根据说话的时间，自动把创建好的字幕排列在字幕轨道上（图 7-33）。

图 7-33　自动创建字幕

步骤 8 检查一下字幕识别的情况，如果发现有问题，可以在字幕面板中双击有问题的文字，对其内容进行更改。全部调整完毕后，按下快捷键 command+A（macOS）或 Ctrl+A（Windows）全选所有字幕，在"属性"面板中调整字体和大小。

步骤 9 单色的文字容易和画面中相近的颜色融合，使观众看不清文字的内容，所以最好在文字下面加上与文字颜色相反的背景颜色。勾选"属性"面板中的"背景"按钮，将背景色设置为黑色，将"不透明度"设置为 75%，这样文字下面就会有一个黑色的背景作为衬托，在任何情况下都可以使观众看清楚文字内容（图 7-34）。

图 7-34　设置字幕的背景颜色

7.6.2　动画制作

每一个教程的开头，都会出现该节课的主题，也就是这节课教的具体内容。作为整个视频教程的开场，最好使用动画的形式来制作。

步骤 1　在"图形模板"面板中，将"经典图像字幕"模板拖拽到时间轴的第 0 秒处，这是一个文字出场的小动画（图 7-35）。

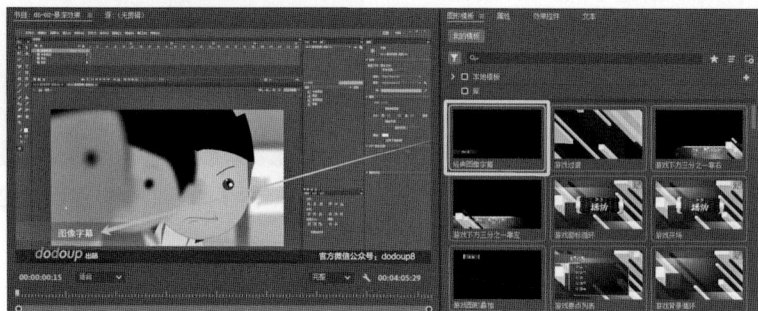

图 7-35　使用图形模板

步骤 2　可以按照前面介绍过的方法，在"属性"面板中修改文字的内容，并调整字体、大小、颜色等属性。再使用工具栏中的"选择工具"，接着将底部的色块放大，并在"属性"面板中调整它的颜色，完成标题动画的制作（图 7-36）。

图 7-36　调整图形模板

步骤 3　以序列图的形式，导入一套 24 张图的小动画，这是一个小男孩抱着宠物跳动的循环动画。将其拖入时间轴中，在"效果控件"面板中调整它的"位置"和"缩放"参数，将它放在画面的右下角。计划制作这个小男孩从画面右侧入镜再出镜的动画效果，但这个动画的时长只有不足 1 秒（图 7-37）。

图 7-37　导入动画序列图

步骤 4　在时间轴上用鼠标右键点击动画序列图，在弹出的浮动菜单中点击"嵌套"，进入嵌套文件中，按住 Alt 键并在时间轴上拖动素材，将该动画素材复制 8 份，使它们首尾相接，这样就可以让该动画序列图循环播放 8 次（图 7-38）。

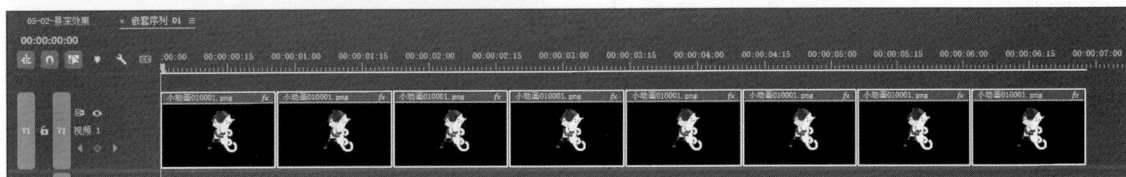

图 7-38　制作循环动画效果

返回到剪辑的时间轴中，这时"嵌套"的时间就延长到 7 秒了。

步骤 5　此时动画和背景的颜色有些重叠，为解决这一问题，可以在"效果面板"中，逐一打开"视频效果"→"风格化"文件夹，把"Alpha 发光"效果拖动到时间轴上的动画上，使它有一层外发光效果。

步骤 6　在"效果控件"面板中，为动画效果的"位置"属性设置关键帧，使小男孩从画面右侧跳到标题字幕的位置（图 7-39）。

图 7-39　设置"位置"属性的关键帧

步骤 7　小男孩到达标题字幕的时候，在时间轴上将嵌套剪开，在"效果面板"中，逐一打开"视频效果"→"变换"文件夹，将"水平翻转"效果拖动到嵌套后半部分上，使角色调个头，再向右侧跳出画面（图 7-40）。

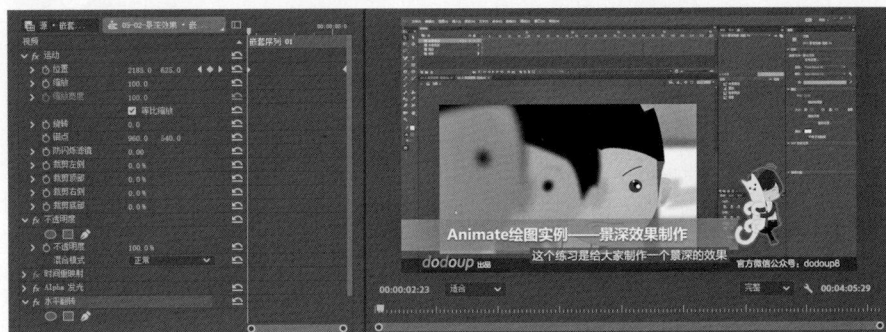

图 7-40　给动画添加"水平翻转"效果

7.6.3 声音制作

步骤 1 先来对解说的声音进行处理。在时间轴上选中素材，在右侧的"基本声音"面板中，点击"对话"按钮，将该声音素材设置为对话音频类型。开启"减少杂色"，并将参数调整为 7，再开启"人声增强"，选择"低音"，并将"剪辑音量"提高至 15 分贝（图 7-41）。

步骤 2 导入一段背景音乐，按下空格键预览一下，确保背景音乐的音量不高于视频讲解的音量。将超出视频长度的音乐剪掉，再将"效果"面板中的"恒定功率"音频转场效果拖动到背景音乐的结尾处，使音乐有淡出的效果（图 7-42）。

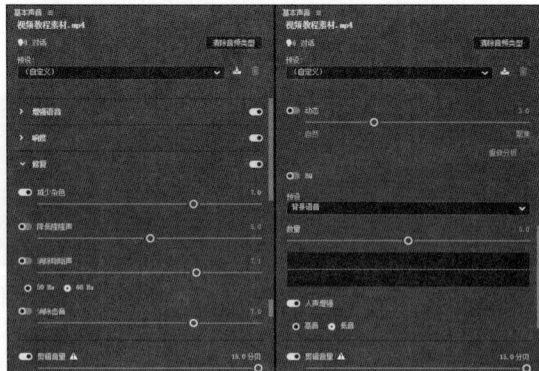

图 7-41 处理说话的声音

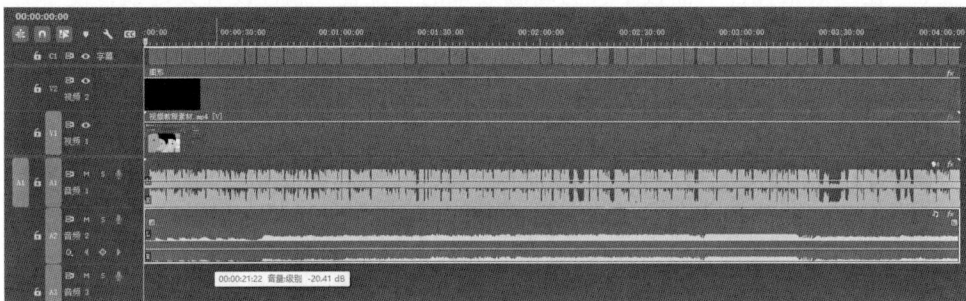

图 7-42 给背景音乐添加恒定功率效果

步骤 3 再导入一个走路的音效，可以卡着动画中小男孩每一步落下的节奏来添加，最终完成的工程文件如图 7-43 所示。

图 7-43 最终完成的工程文件

最终完成的文件是本书配套素材中的"7.6-教程类视频片头.prproj"文件。

7.7 ► 综合案例演示：口播类非遗短视频的制作[1]

口播短视频是指以口头语言表达为主要形式的短视频，内容通常是人物面对镜头进行讲述，可以搭配字幕、简单画面或背景音乐，但核心信息通过语言传递，一般适用于科普讲解、新闻播报、个人观点分享等。

本案例是一部古法药香非遗传承人——赵阳老师的口播短视频，一般在拍摄的时候，都会使用多部摄像机同时拍摄，方便后期进行不同景别的剪辑。

7.7.1 多机位的声音剪辑与处理

步骤1 将素材导入 Premiere 的项目面板中，这些视频素材都是 4K 的清晰度，但是在一般短视频平台中，1080p 就足够了，4K 的素材方便在后期进行裁切和二次构图。新建一个 1080p 的序列，命名为"非遗口播"（图 7-44）。

该条视频架设了双机位进行拍摄，并拍摄了两遍，因此共有 4 条视频素材供剪辑使用。在制作之前应该整体看一遍，确定以哪条视频作为主体进行剪辑。

步骤2 将"C2443.MP4"视频素材拖拽到时间轴上，把视频开头准备阶段的部分剪掉，再在"效果控件"面板中，将视频的画面缩小一些，并将其调整到合适的位置，使其匹配序列画面的尺寸（图 7-45）。

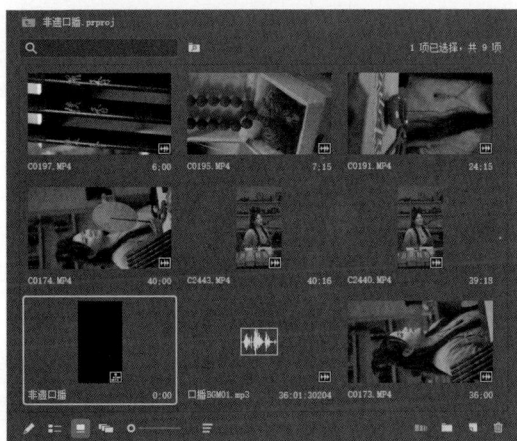

图 7-44　将素材导入项目面板中　　　　图 7-45　在时间轴上调整视频素材属性

预览一下视频，发现在第 20 秒左右，人物在说话时出现了口误的情况，如果直接将口误部分剪掉，会使前后两段视频无法顺畅连接，这就需要切换到另一个机位，模拟切镜头的效果。

步骤3 将视频中人物口误以及后面的部分都删掉，再从项目面板中把素材"C2440.MP4"和"C0174.MP4"拖拽到时间轴的后面，上下并列放在一起。虽然是同样的内容，但因为是使用两部机器拍摄的，按下录制键的时间不同，所以两者并不同步，这就需要先将它们进行同步对位处理（图 7-46）。

---

[1] 出镜：古法药香非遗传承人、艺俸斋药香创始人——赵阳。

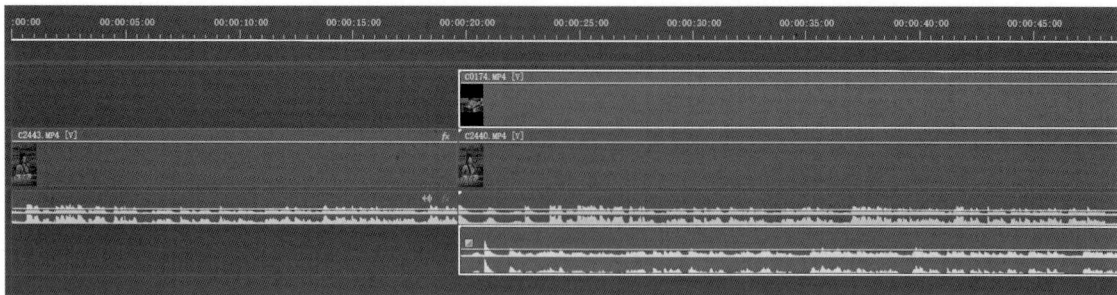

图 7-46　将两个素材进行同步对位处理

步骤 4　选中这两段视频的音频轨道，执行菜单中的"剪辑"→"同步"命令，或者按下鼠标右键，在弹出的浮动菜单中点击"同步"命令，在弹出的"同步剪辑"窗口中点击"音频通道"，在右侧的下拉菜单中选择"向下混合"，再点击"确定"按钮，两个素材会根据音波效果，自动匹配到同步的位置（图 7-47）。

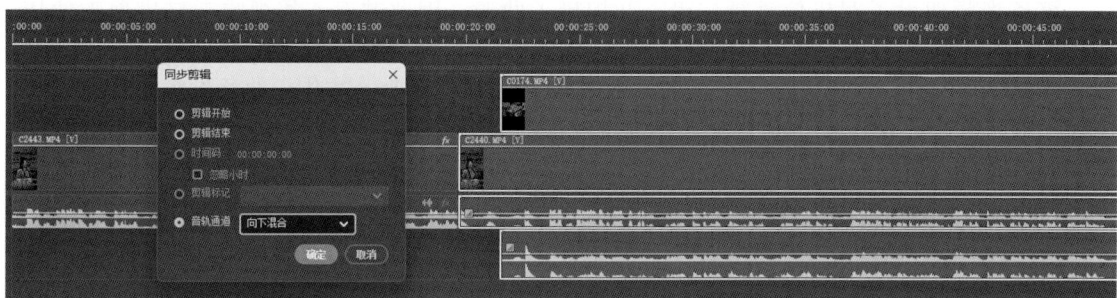

图 7-47　两个素材自动匹配到同步的位置

步骤 5　剪去这两段视频前面的部分，使它们与前一段视频连接上。因为拍摄"C2440.MP4"视频的摄像机是负责收音的，因此该素材的声音效果最好，可以选中它并点击鼠标右键，在弹出的浮动菜单中点击"取消链接"命令，使它的视频和音频链接断开，再删除它的视频部分。同理，再删除"C0174.MP4"的音频部分（图 7-48）。

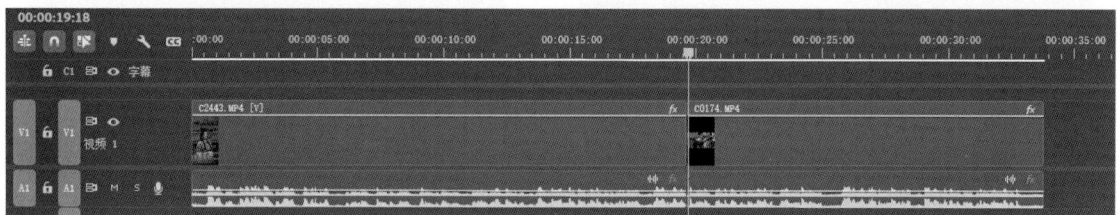

图 7-48　删除素材的音频部分

步骤 6　接下来要调整人物说话时的音频质量。在时间轴上选中素材的音频部分，在"基本声音"面板中，将它们设置为"对话"（图 7-49）。

步骤 7　再点击"增强语音"中的"增强"按钮，这是 Premiere 新版本中增加的 AI 音频处理工具，它可以自动处理音频，使其达到最好的效果（图 7-50）。

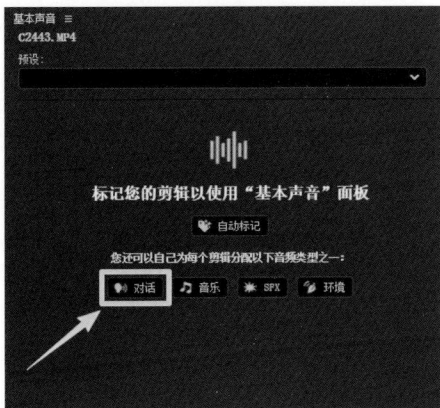

图 7-49　将音频设置为"对话"

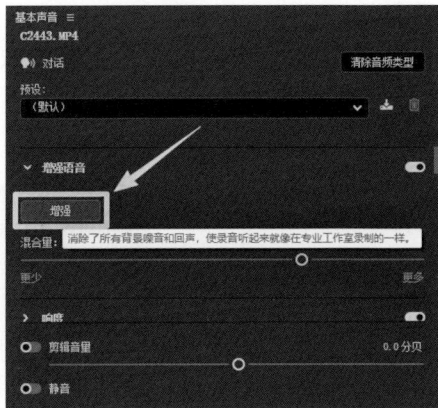

图 7-50　使用"增强语音"处理音频

7.7.2　字幕的添加与导出

步骤 1　对时间轴上的音频进行语音内容的识别，并生成字幕（图 7-51）。

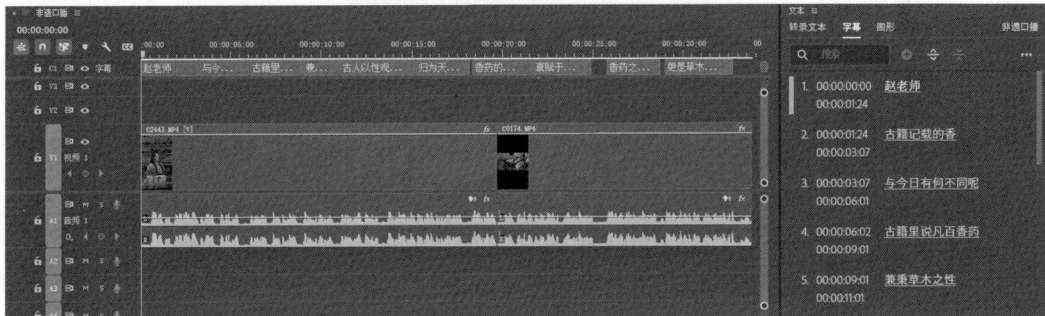

图 7-51　生成字幕

　　步骤 2　选中所有的字幕，在"属性"面板中调整文字的效果。因为是与传统文化有关的内容，所以可以选择一款手写字体，调整文字颜色并添加阴影效果（图 7-52）。

　　步骤 3　在传统书法中，文字是竖排版的，但是字幕没有竖排版的选项，这就需要在"对齐并变换"中，将文字显示区域的尺寸值调整为"－700，900"，使文字的显示区域被压缩而自动换行，从而变成竖排版。再把文字摆放在画面左侧的中间区域（图 7-53）。

图 7-52　调整字幕的显示效果

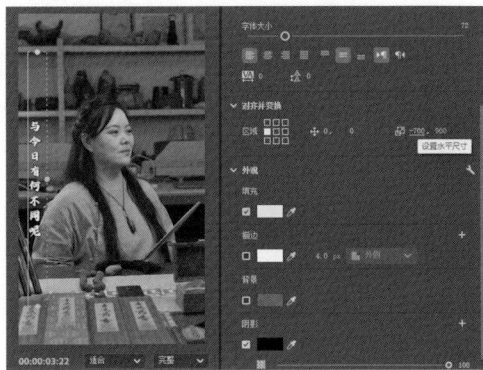

图 7-53　制作文字竖排版的效果

步骤 4 使用工具栏中的"文字工具",在画面中间的下方位置,添加人物的相关信息,并添加背景颜色,使文字能在画面中更加突出(图 7-54)。

步骤 5 人物一直说话会显得影片太单调,可以在提到具体事物的时候,穿插相关的镜头,使画面更加丰富(图 7-55)。

图 7-54 为字幕添加背景颜色

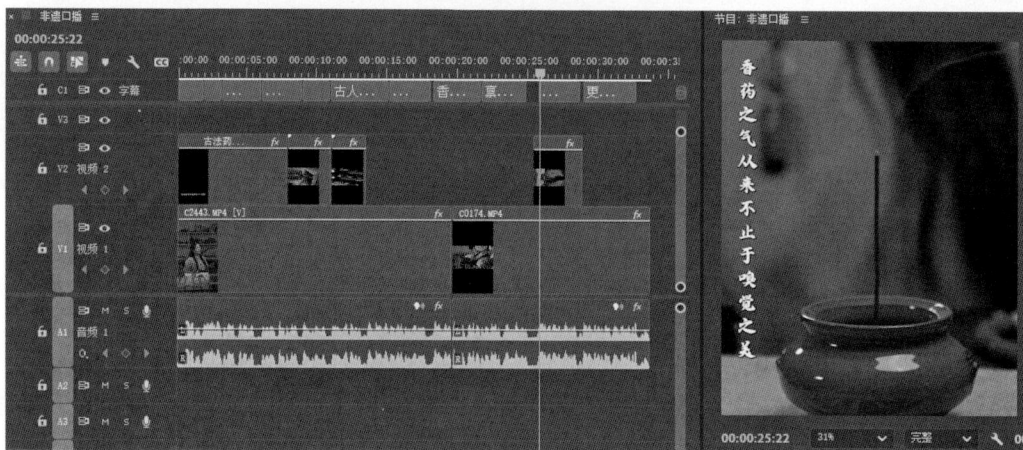

图 7-55 穿插相关的镜头

步骤 6 创建调整图层,将其放在最上面的轨道上,在"Lumetri 颜色"面板中对影片的画面颜色进行调整。最后再把背景音乐拖入时间轴中,调低音量,使音乐不能压住人声,再在结尾处为背景音乐添加淡出的特效,最终完成的工程文件如图 7-56 所示。

图 7-56　最终完成的工程文件

最终完成的文件是本书配套素材中的"7.7- 非遗口播 .prproj"文件。

本章小结

　　本章的主要学习任务是 Premiere 声音处理和字幕添加，需要掌握的内容包括声音的基本属性、声音的剪辑方法、Premiere 中声音的处理方法、Premiere 中字幕的制作方法和多个案例的制作技巧。

　　影视作品是视听艺术，视觉与听觉、画面与声音都是相辅相成的，而字幕则是对画面的有机补充。本章的内容旨在让大家了解并掌握在 Premiere 中处理声音和添加字幕的方法，并能将学到的方法灵活运用在自己的作品中。

课后拓展

　　1. 使用本章学习到的方法，为自己之前的剪辑作品添加声音和字幕。
　　2. 将自己已经学到的剪辑知识制作成一个小教程，并为该教程添加声音和字幕。

第8章
Premiere转场与合成

- 知识目标 了解转场在剪辑中的作用
  了解影视合成的要求和技术流程

- 能力目标 具备计算机软件的基本操作能力
  具有较强的影视作品欣赏能力

- 素质目标 主动了解国内影视制作技术的发展趋势，树立文化自信
  养成严谨的学习和工作态度，具有较强的创新意识

- 学习重点 转场在影视作品中的作用
  Premiere中插件的安装和使用方法
  Premiere中合成技术的使用方法

- 学习难点 正确处理转场效果，尤其是视觉效果比较强烈的转场
  在合成时正确处理不同素材，使画面效果和谐统一

在影视作品中，转场（transition）是指镜头与镜头、场景与场景、时空与时空之间的过渡或转换。

从实际意义上来看，转场最基本的作用是分隔内容，就是把两个场景中所发生的情节内容分隔开，避免观众在剧情上产生混淆，其次是在转场的过程中，尽量要用一种流畅连贯的方式予以过渡。

合成（compositing）是将两种或多种不同来源的视觉元素组合成单个图像的过程或技术，可以产生无缝衔接的效果和一体感，通常是为了让观众产生这些不同场景的视觉元素都处于同一场景中的错觉，可以应用在图片和视频领域。

影视合成，就是将图片、视频等视觉元素有机组合在一起，进行艺术性再加工，并使画面运动起来，制作成影视作品（图 8-1）。

图 8-1　影视合成制作

本章就来重点学习一下 Premiere 中的转场与合成。

8.1 ▶ Premiere中的转场设置

影视转场主要分为无技巧转场和技巧转场。

①无技巧转场：指通过单纯的剪接来实现场景转换，它可能没有技巧转场那么花哨，但其实无技巧转场恰恰是最有技巧的，因为它能够实现更为自然、精致的视觉转换，如特写镜头、空镜头以及各种形式的匹配镜头都可以实现无技巧转场。

从严格意义上来讲，无技巧转场就是前文讲到的镜头的连接，只要两个镜头具有动作、逻辑、视线甚至声音上的连接，就可以产生连续性。

②技巧转场：指利用简单的动画效果来完成场景过渡，传统的动画效果主要有淡入淡出、叠化、闪、划、移、圈、翻转等。

在 Premiere 中，最常用的转场就是"交叉溶解"，可以在"效果"面板中，点开"视频过渡"→"溶解"文件夹，将"交叉溶解"转场拖拽到两个视频或图片素材的结合处，就会生成 1 秒的转场效果（图 8-2）。

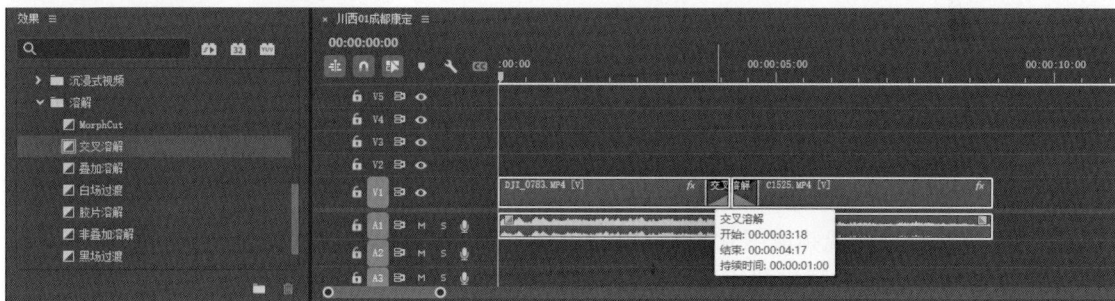

图 8-2 "交叉溶解"转场

"交叉溶解"也是 Premiere 的默认转场，选中视频或图片素材的边缘，直接按下快捷键 command+D（macOS）或 Ctrl+D（Windows）就可以直接添加。

"交叉溶解"的效果，相当于前一个画面的透明度逐渐降低，后一个画面的透明度逐渐升高，使两个画面逐渐融合，达到无缝衔接的效果（图 8-3）。

图 8-3 "交叉溶解"转场的效果

如果需要调整"交叉溶解"转场的持续时间，可以在时间轴上双击该转场，在弹出来的"设置过渡持续时间"窗口中输入需要的时间，或者在时间轴上选中该转场，在"效果控件"面板中调整（图 8-4）。

在"效果控件"面板中还可以设置该转场的切入时间（图 8-5）。

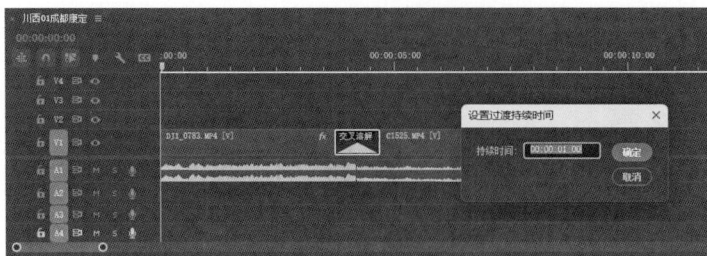

图 8-4 设置过渡持续时间

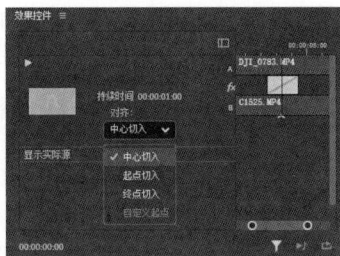

图 8-5 设置过渡切入时间

转场不仅可以用在两个视频或图片素材之间，也可以单独使用。将"黑场过渡"转场拖拽到最后一个视频素材的结尾处，生成 1 秒的转场效果（图 8-6）。

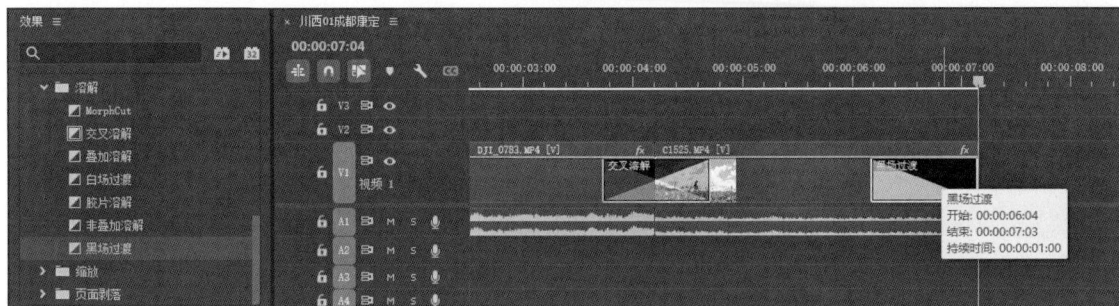

图 8-6 "黑场过渡"转场

"黑场过渡"是使视频或图片素材逐渐变成黑色的转场效果，多用于影视作品的结尾。同理，"白场过渡"是使视频或图片素材逐渐变成白色的转场效果（图 8-7）。

图 8-7 "黑场过渡"转场效果

为了能够使观众的注意力集中在影片的剧情上，转场一般只会使用最为普通的淡入淡出、叠化、白场过渡和黑场过渡这几种转场效果。过于炫目的转场效果，一般会用在剧情较少、以展示为主的宣传片中。

8.2 ▶ 案例演示：转场特效制作

步骤 1　先将两段视频素材导入 Premiere 的时间轴上，第一段是拍摄的原始视频，另一段是该视频添加了特效的效果。原始素材只保留 2 秒，后面接特效素材。现在直接看会觉得两个视频连接得有些突兀，这就需要添加转场效果（图8-8）。

视频教程

图 8-8　将两段视频素材导入时间轴

步骤 2　将"VR 色度泄漏"转场效果拖拽到两段视频素材的连接处，将过渡的持续时间设置为 1 秒（图 8-9）。

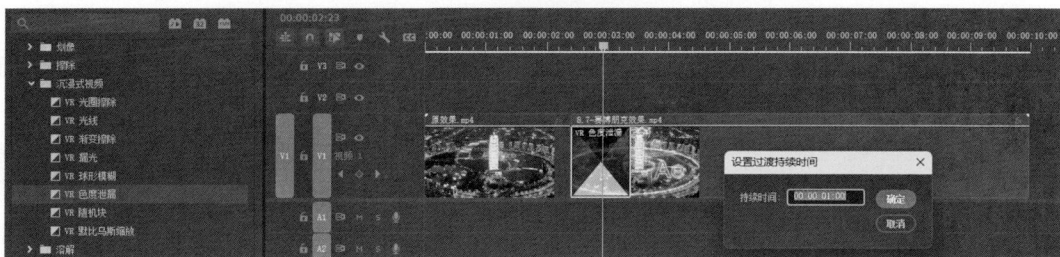

图 8-9　添加"VR 色度泄漏"转场效果

步骤 3　播放预览效果，可以看到"VR 色度泄漏"在两段视频素材之间产生了亮部突出并向外发散的过渡效果（图 8-10）。

图 8-10　预览"VR 色度泄漏"的转场效果

步骤 4　在时间轴上选中"VR 色度泄漏"过渡效果，在"效果控件"面板中，将"水平泄漏强度"和"泄漏亮度"都调高至 100，使过渡的效果更加强烈，突出两段视频素材的区别，给观众更强烈的视觉感受（图 8-11）。

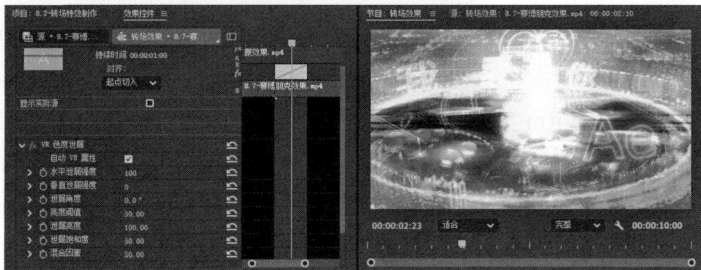

图 8-11　调整"VR 色度泄漏"的参数

步骤 5　分别创建"别""眨""眼"三个字，并将它们按顺序依次在时间轴上排好，放在转场开始前的位置（图 8-12）。

图 8-12　创建"别""眨""眼"三个字

步骤 6　将"交叉缩放"过渡效果分别拖拽到这几个字的连接处，并将持续时间设置为 5 帧，播放视频预览，会看到三个字快速地缩放并交错出现，形成强烈的视觉效果（图 8-13）。

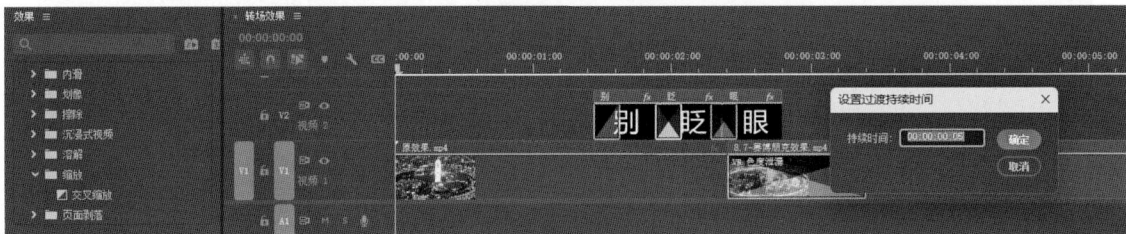

图 8-13　添加"交叉缩放"过渡效果

播放整个视频，首先是一个正常的航拍效果，然后画面中快速出现"别""眨""眼"三个字，紧接着画面发出强烈的光，变换成赛博朋克效果的城市。

最终完成的文件是本书配套素材中的"8.2- 转场特效制作 .prproj"文件。

8.3 ▶ 视频转场插件安装与使用

Premiere 软件之所以能被广泛应用，很大程度上是因为它的可拓展性极强，很多团队和个人为 Premiere 开发了数不胜数的插件和脚本，使 Premiere 的应用性得到了极大的加强。

Premiere 的插件主要集中在转场和特效上，本节将以 Film Impact 转场插件为例，讲解一下插件的安装与使用方法。

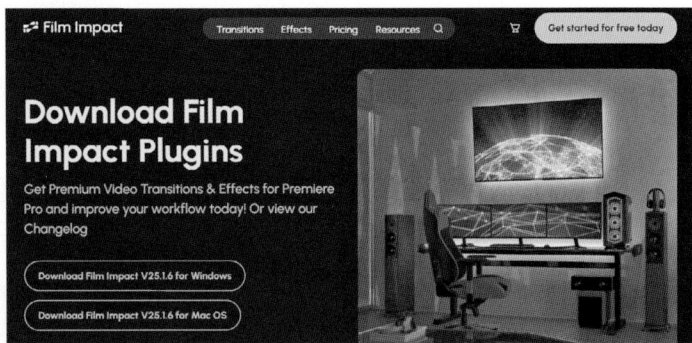

图 8-14　Film Impact 官网的下载页面

打开 Film Impact 的官网，下载与自己的系统（Windows 或 macOS 系统）所匹配的插件安装文件（图 8-14）。

按照安装文件的指示，一步步去安装（图 8-15）。该软件在 macOS 系统下的安装路径是：/Library/Application Support/Adobe/Common/Plug-ins/7.0/MediaCore/，在 Windows 系统下的安装路径是：C:\Program Files\Adobe\Common\Plug-Ins\7.0\MediaCore\。

安装完毕以后，重启 Premiere 软件，就可以在"效果"面板中的"视频过渡"文件夹下看到安装的插件了（图 8-16）。

图 8-15　插件的安装

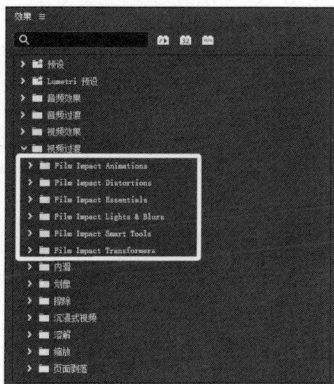

图 8-16　Premiere 中安装好的插件

Film Impact 是一款特效转场插件，与 Premiere 自带的转场相比，它的很多转场效果极具动感，视觉冲击力极强（图 8-17）。

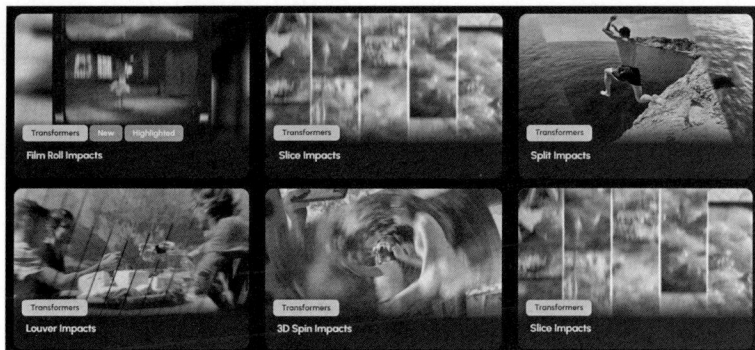

图 8-17　Film Impact 的部分转场效果

Film Impact 转场插件的使用方法和 Premiere 自带的转场一样，将所需的转场效果直接拖拽到两个视频或图片素材之间就可以了，也可以在"效果控件"面板中对转场效果进行调整（图 8-18）。

图 8-18　Film Impact 转场插件中 Zoom Blur Impacts 的效果

8.4 ▸ 案例演示：音频转场制作

音频转场，指的是两种不同音频素材的过渡效果。

Premiere 中的音频转场只有三种，即"恒定功率""恒定增益"和"指数淡化"。其中"恒定功率"是默认的音频转场效果，在时间轴上选中声音素材的边缘，直接按下快捷键 command+shift+D（macOS）或 Ctrl+shift+D（Windows）就可以直接添加（图 8-19）。

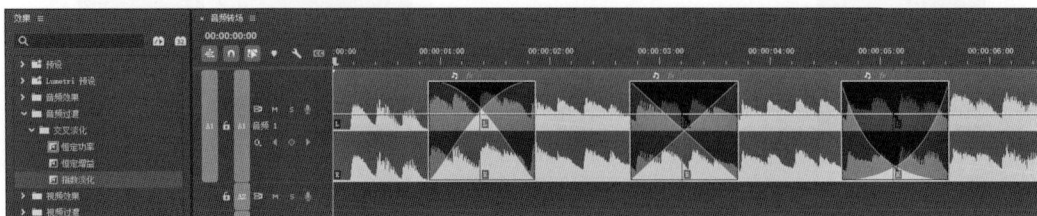

图 8-19　三种音频转场

在影视剪辑中，经常会遇到背景音乐的时长与片长不匹配的情况，这就需要对背景音乐进行剪辑。

步骤 1　将素材导入 Premiere 的项目面板中，这是一个时长为 52 秒的背景音乐，现在要通过剪辑的方法，将它扩展到 1 分钟（图 8-20）。

视频教程

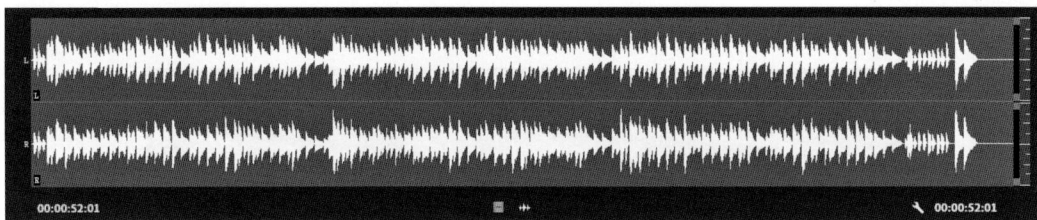

图 8-20　背景音乐的音频波形

一般情况下，对背景音乐进行剪辑以改变其持续时间的方法有以下几种。

①如果只是想将背景音乐的持续时间缩短，可以直接将它多出来的部分剪掉，然后给音乐末端添加音频转场，使其音量缓缓降低。这种方法的缺点是，如果音乐末端正好在音乐的高潮部分，会给观众音乐戛然而止的感觉。

②在时间轴上选中背景音乐素材，按下鼠标右键，在弹出来的菜单中点击"速度 / 持续时间"命令，在弹出来的"剪辑速度 / 持续时间"浮动窗口中，调整它的"速度"，就可以使该背景音乐快放或慢放，以达到需要的时长。这种方法的好处是可以快速达到目的，但是缺点就是会改变音乐的音调和节拍。

③根据音乐节奏，对背景音乐的中间部分进行剪辑，剪掉或复制某一小段，以保证背景音乐的完整性。这种方法是最完美的解决办法，但是对剪辑师的要求比较高，剪辑师不仅要具备相应的剪辑技术，还要对音乐节奏有一定的了解。

④如果只是需要增加背景音乐的持续时间，可以尝试使用 Premiere 新添加的 AI 工具，即由 Adobe Firefly 提供支持的"生成式扩展工具"，直接将背景音乐拉长至需要的时长。这种方法的缺点是生成效果过于随机，而且在音乐已经结束的情况下，强行多生成一段音乐，会有较为强烈的违和感。

本案例将以第 3 种方法进行演示。

步骤 2 把背景音乐素材拖拽到时间轴上，仔细观察它的音频波形，会发现有两个明显的起伏点，根据起伏点，将背景音乐分为 3 个部分（图 8-21）。

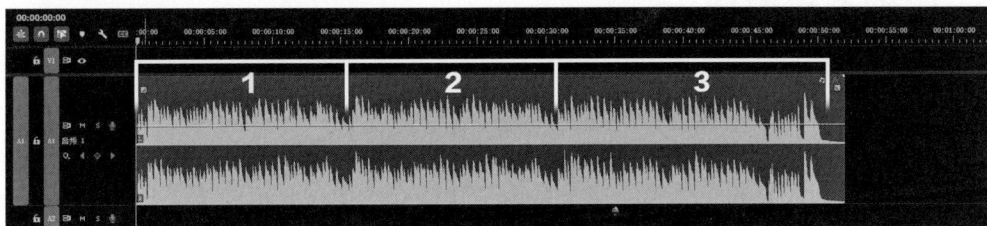

图 8-21　分析背景音乐

步骤 3 使用"剃刀工具"，将背景音乐的 3 个部分剪开，先把第 3 部分向后移动一些，再把第 2 部分复制出来一份，放在第 2 部分和第 3 部分之间，这就相当于把第 2 部分重复播放了一遍，使背景音乐的时长增加到 1 分 7 秒（图 8-22）。

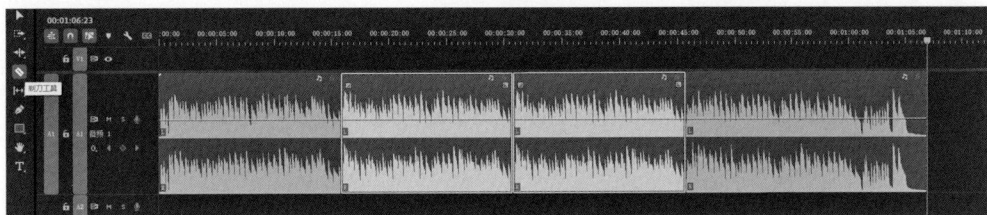

图 8-22　剪辑背景音乐

步骤 4 因为音乐的衔接难以完全匹配，所以需要在复制出的这一段的前端和末端添加"恒定功率"音频转场效果（图 8-23）。

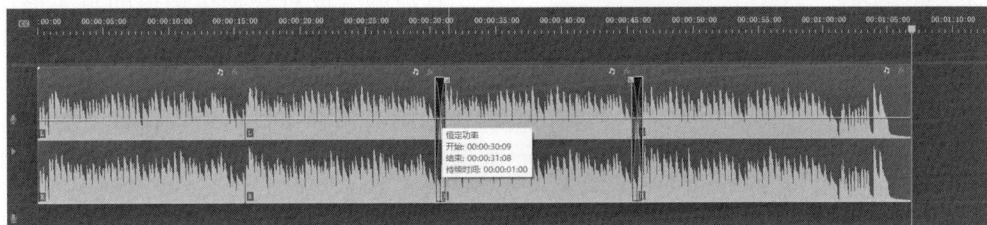

图 8-23　添加"恒定功率"音频转场效果

步骤 5 将背景音乐在 1 分钟处裁断，剪掉后面的部分，因为此处已经是结尾部分了，所以可以直接把"恒定功率"音频转场效果拖拽到背景音乐的末端，并将它的"持续时间"设置为 4 秒，使音乐结束得更加缓慢（图 8-24）。

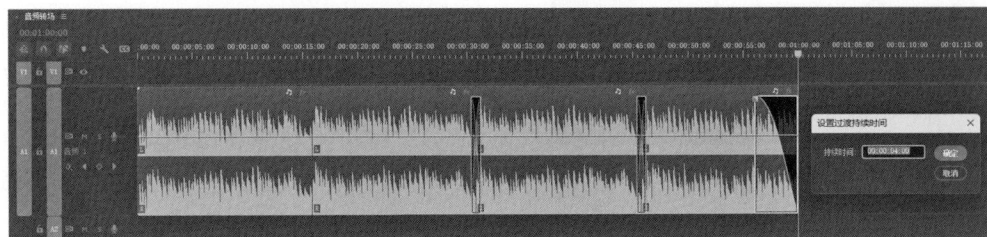

图 8-24　背景音乐剪辑的工程文件

最终完成的文件是本书配套素材中的"8.4-音频转场制作.prproj"文件。

8.5 ▶ 影视合成概述

8.5.1 什么是影视合成

合成（compositing）是将两种或多种不同来源的视觉元素组合成单个图像的过程或技术，可以产生无缝衔接的效果和一体感，通常是为了让观众产生这些不同场景的视觉元素都来自同一场景的错觉，可以应用在图片和视频领域。

影视合成就是指有机组合图片、视频等视觉元素，对其进行艺术性再加工与动态化设计，最终制作成影视作品的过程。图 8-25 中是合成效果的拆解展示，将实拍的汽车放入绘制的插画场景中，加入花瓣、仙鹤、烟雾等视觉元素，将它们有机整合成一部动画作品。

图 8-25　合成效果的拆解展示

图 8-26　文字与实拍画面的合成

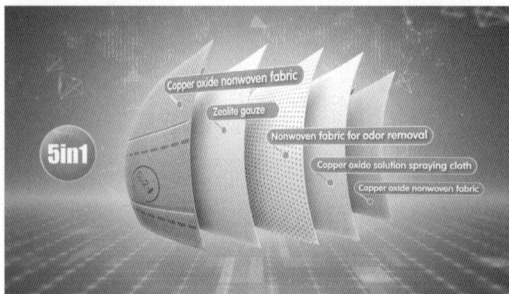

图 8-27　三维动画的合成

合成既处理具象的对象，也处理抽象的对象。具象的合成对象是指拍摄的写实影像，要求达到逼真可信的效果。具象合成旨在模仿现实，赋予图像现实感。抽象合成是指选用不同元素制作出具有独特风格的图像，对写实和逼真度没有过高要求，但需具有一定的和谐感[1]。

具象合成： 将来源不同的元素融合在一起，产生逼真、自然之感。具象合成以传统的视觉效果为基础，只有遵循严格的规则，运用透视、布光、明度、着色等重要原理，才能实现理想的合成效果。在图 8-26 中，就将文字融入实拍的镜头中，并匹配了透视角度，使文字像是立在大桥中间一样。

抽象合成： 以抽象的方式将各要素融合起来，形成无照相写实感的图像，非写实程度从轻微抽象到完全抽象。无论抽象程度如何，都必须形成一个视觉模式以维系整个图像。即使没有严格遵守自然法则，抽象合成也要做到使

---

[1] 奥斯汀.动态视觉艺术设计［M］.陈莹婷，卢佳，王雅慧，译.北京：清华大学出版社，2018.

各要素和谐相融、浑然一体。许多具象合成时运用的透视、布光、明度、着色等重要的视觉原理同样适用于抽象合成。不过在进行抽象合成时，对规则的运用可灵活变通。在图8-27中，将三维制作的口罩拆解成5个部分，并使其悬浮在画面中，文字也遵循透视和布光等原理，有较强的立体感和空间感，再配合其他的视觉元素，组成了在现实中不可能出现的飘浮在空中的视觉效果。

8.5.2 影视合成的步骤和处理方法

影视合成大概可以分为三个步骤，分别是素材收集、素材组合和素材处理。

素材收集：参与合成的元素多种多样，应根据要制作的最终效果来进行收集。可以把实拍的视频文件拷贝到电脑中，也可以从网络上合法下载相关的视频素材，如果视频素材无法导入 Premiere 中，还需要使用格式工厂、狸窝这种格式转换软件，将视频素材转换成无损 avi 格式或 mov 格式。还可以在二维或三维动画软件中制作所需要的动画效果，并根据实际使用情况，输出带透明通道的序列图或 mov 格式的视频文件。另外，还可能需要用到各种图片素材，包括主流的图片格式 jpg、png、tif，Photoshop 源文件的 psd 格式，Illustrator 源文件的 ai 格式，以及能够保存深度通道的 exr 格式等。如果需要在 Premiere 中处理声音，也可以收集一些常用的音效或音乐，常用的音频格式有 wav、mp3 等。

素材组合：收集完成后，就需要根据实际需要，把不同的素材组合在一起。在 Premiere 中，是利用不同轨道进行组合的。这就需要调整素材的位置、缩放和旋转属性，使它们符合透视原理，组成一个完整的画面（图8-28）。

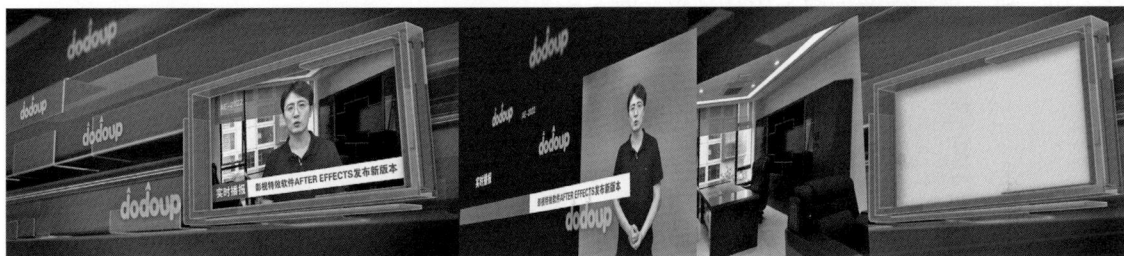

图 8-28　不同素材的组合效果

素材处理：素材处理是合成中最重要的环节，包括但不限于蒙版处理、色彩处理、跟踪处理等。

蒙版（mask）处理是合成的核心概念与技术，包括图像分割、移动、提取等。在数字技术发明之前的胶片时代，蒙版的处理需要使用刀片或剪刀，对胶片进行裁剪。现在，可以在电脑中，使用 Premiere、After Effects 等软件进行数字化的处理。

简单来说，蒙版就是将图像中的某个或多个部分，从原始画面中分割独立出来。其中，最常用的就是抠像（keying）。人站在一张蓝色或绿色的幕布前进行拍摄，然后在后期软件中，将背景的蓝色或绿色部分抠除，只保留前景的人物。之所以使用蓝色或绿色的幕布，是因为人体没有蓝色和绿色的元素，不影响后期抠图（图8-29）。

图 8-29　绿屏抠像合成

色彩处理，也称色彩校正（color correction），是指通过调整图像颜色，使图像传达出一致的视觉效果。在合成中，色彩处理有助于使图像的色彩风格统一、连贯。

合成的目的是营造统一感，色彩是实现这一目的的有效工具。在 Premiere 中，主要通过 Lumetri 范围和颜色来判断和调整色彩（图 8-30）。

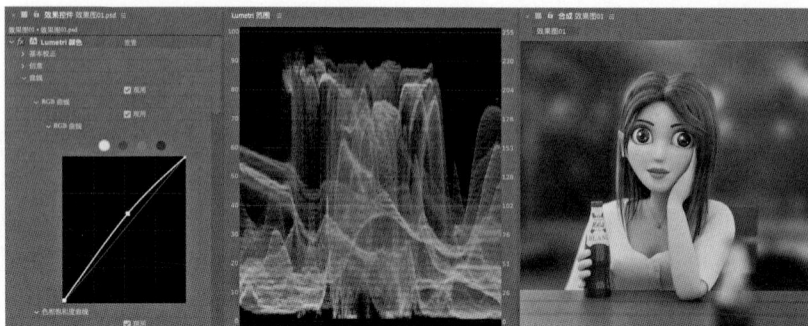

图 8-30　Lumetri 范围和颜色

8.6 ▶ 案例演示：多人同框合成制作

本案例要制作的是同一个人身着不同的衣服同时出现在一个画面中的效果。这种视频很适合用于展示模特穿着不同衣服的效果（图 8-31）。

视频教程

图 8-31　案例效果展示

步骤 1　将素材中的实拍视频导入"项目"面板中，这是一个时长将近 7 分钟的视频，先预览一下视频，会看到摄像机固定不动，人物穿着每套衣服均完成了两遍走位，然后换衣服再走（图 8-32）。

步骤 2　新建 1080 像素 ×1920 像素的竖版序列，将视频素材拖拽到时间轴上。将人物换衣服的部分都删除，只保留穿每套衣服走位时展示得最好的一次，共 5 个片段（图 8-33）。

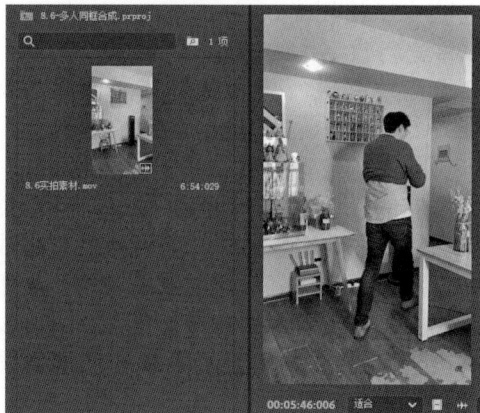

图 8-32　将视频素材导入

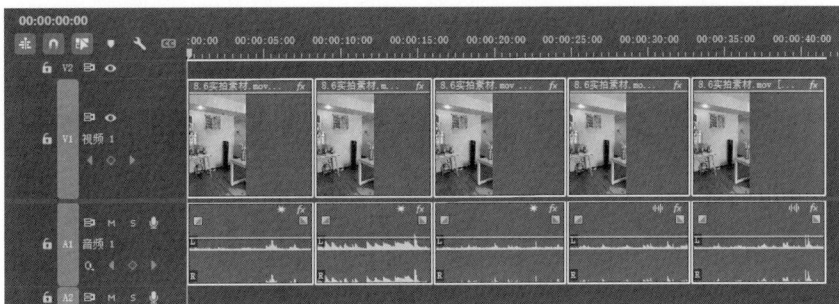

图 8-33　对视频素材进行剪辑

步骤 3　将时间滑块拖动到第一个片段人物完全入镜的位置，使用剃刀工具将它剪开，并把剪开的两段拖动到上面的轨道中，然后把第二个片段向前拖动到剪辑点的位置，准备将两个画面进行合成（图 8-34）。

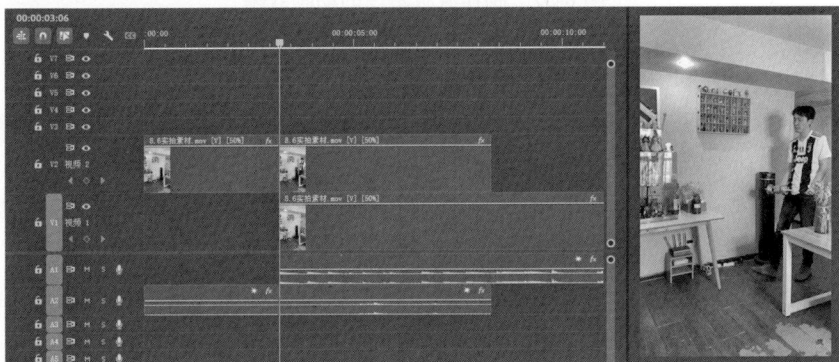

图 8-34　对视频进行剪辑

步骤 4　选中上面轨道中人物穿第一套衣服的视频，在"效果控件"面板中，点击"不透明度"属性下面的"创建 4 点多边形蒙版"，会生成一个矩形蒙版，蒙版内的画面会显示出来，而蒙版外的画面会被隐藏，这样就能使下一个轨道中身穿第二套衣服的人物显示在画面中，从而将两个人物合成在一个画面中了（图 8-35）。

步骤 5　调整矩形蒙版四个顶点的位置，使穿第一套衣服的人物完整显示出来，并将"蒙版羽化"参数设置为 50，这样会让蒙版边缘更加柔和，使两个画面结合得更好（图 8-36）。

图 8-35　创建 4 点多边形蒙版

图 8-36　调整蒙版的形状

步骤 6 拖动时间轴，在不同的时间点为"蒙版路径"属性打上关键帧，使蒙版始终跟着穿第一套衣服的人物进行运动（图 8-37）。

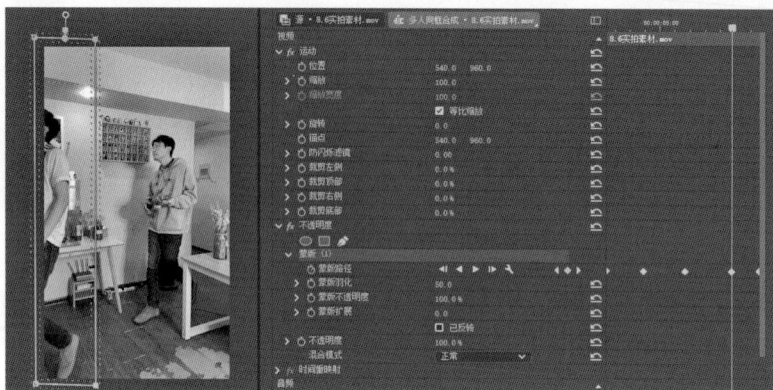

图 8-37 制作蒙版路径的动画效果

各个时间点的蒙版路径如图 8-38 所示。

图 8-38 各个时间点的蒙版路径

步骤 7 用同样的方法，制作出穿其他几套衣服的人物同时出现在画面中的效果，录制的环境音也不要删，里面的脚步声可以使观众产生身临其境的感觉（图 8-39）。

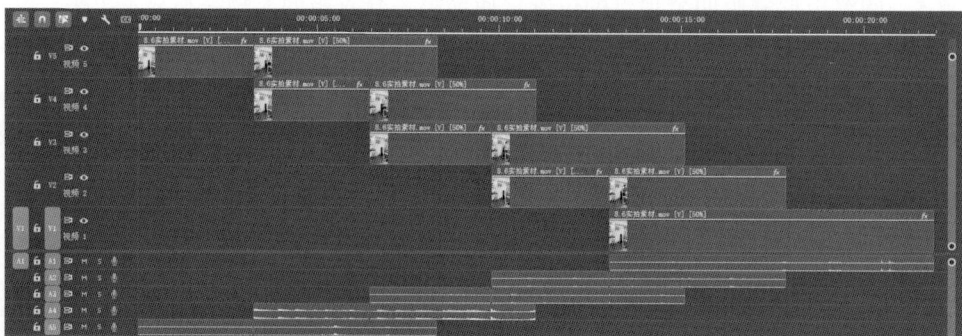

图 8-39 剪辑并合成其他几套衣服的效果

步骤 8 创建一个调整图层，将其放在视频轨道的最上面，为所有的视频素材统一调色。本案例中是直接添加了素材"20 款青橙色调 LUTS"文件夹中的"LOOKED_TO_12.cube" LUT 效果，再添加上背景音乐，最后完成的工程文件如图 8-40 所示。

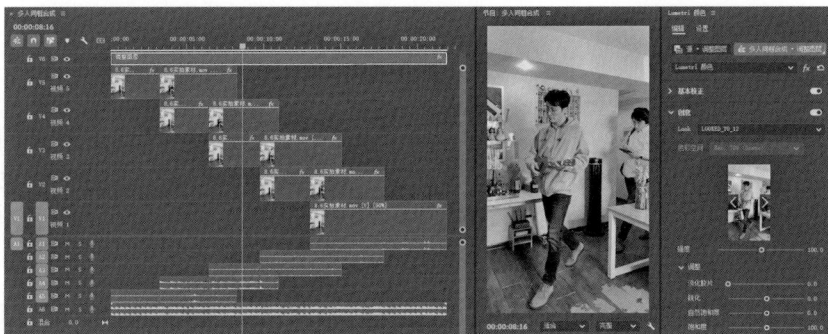

图 8-40　最后完成的工程文件

最终完成的文件是本书配套素材中的"8.6- 多人同框合成 .prproj"文件。

8.7 ▶ 综合案例演示：绿屏抠像制作慕课课程

随着互联网技术的不断进步，大型开放式网络课程，即慕课（massive open online courses，MOOC）开始普及。为了丰富视觉效果，很多慕课采用了绿屏抠像的技术，把授课教师放在虚拟场景中。

本节的案例就是将使用绿屏拍摄的视频与其他素材进行合成，完成一段慕课视频的制作，效果如图 8-41 所示。

视频教程

图 8-41　慕课视频的合成效果

8.7.1　绿屏抠像的制作

绿幕素材一般会在专业的绿幕房中拍摄，灯光会把整个绿幕都均匀照亮，不会有任何会产生阴影或高光的褶皱。而且通常这样的视频都是用较为高端的拍摄设备以超高清的模式进行拍摄的，素材文件的体积也会很大，因此更有利于导入 Premiere 中进行精细的抠像处理，如图 8-42 中就是案例素材的拍摄场地。

图 8-42　绿屏视频拍摄场地

步骤 1　将素材中的绿屏拍摄视频文件导入 Premiere 的"项目"面板中，并将其拖拽到时间轴上。先整体观看一下视频素材，本案例只保留了 22 秒至 55 秒间的内容，将前半段的准备阶段和其他部分剪掉（图 8-43）。

步骤 2　打开"效果"面板，将"键控"文件夹中的"超级键"效果拖拽到时间轴上的绿屏视频素材上。再切换到"效果控件"面板，点击"超级键"效果中"主要颜色"右侧的吸管工具，这时光标会变成一个小吸管，点击并吸取画面中的绿色，这样就能把画面中的绿色部分全部抠除掉，只保留人物部分（图 8-44）。

图 8-43　对视频素材进行剪辑

图 8-44　使用"超级键"效果进行抠像

步骤 3　将"超级键"效果中的"输出"设置为"Alpha 通道"，画面就变成了黑白色，黑色是被抠掉的区域，白色是保留下来的区域，这样更方便观察。将"容差"值调整为 100，并调高"抑制""柔化"和"对比度"参数，使人物部分更加干净（图 8-45）。

图 8-45　调整"超级键"的参数设置

步骤 4　现在画面上方还有一些区域没有抠干净。点击"不透明度"属性下面的"创建 4 点多边形蒙版"，在画面中调整创建出来的矩形蒙版，使其只框住人物，这样就可以把其他区域隐藏起来了（图 8-46）。

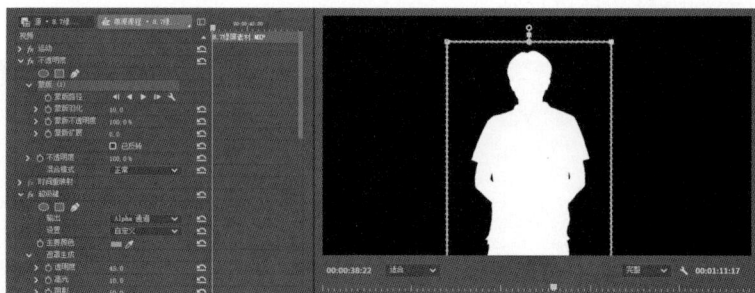

图 8-46　调整蒙版

步骤 5 播放预览动画效果，检查绿屏上有没有抠除不干净的地方。检查完毕后，将"超级键"效果中的"输出"重新改为"合成"，检查一下人物有没有误抠除的地方，抠像前后效果对比如图 8-47 所示。

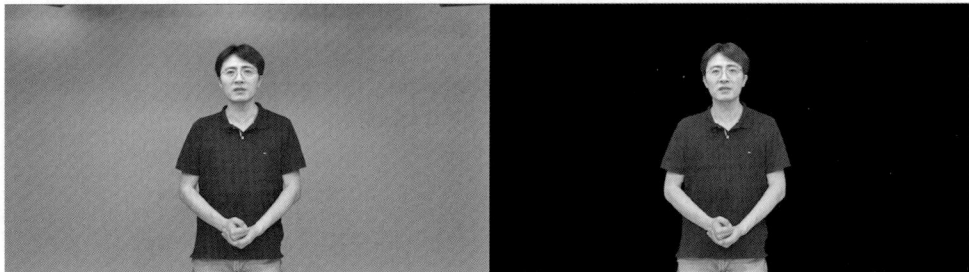

图 8-47 抠像前后效果对比

8.7.2 动态背景的合成

步骤 1 将素材中动态背景视频拖拽到时间轴上，放在人物轨道的下面（图 8-48）。

先观察一下画面，背景视频中的绿色部分也是要被抠除并添加课程内容的，但是现在被人物遮挡住了，这就需要对两个视频进行调整。

步骤 2 在"效果"面板中，将"变换"文件夹中的"水平翻转"效果拖拽到背景视频上，使绿色窗口翻转到画面左侧。再把人物视频放大一点，并将其移动到画面右侧，让背景视频中的绿色窗口完整地显示出来（图 8-49）。

图 8-48 添加动态背景素材

图 8-49 对两个视频素材进行调整

步骤 3 背景视频是蓝色的，而人物视频偏黄色，可以在"Lumetri 颜色"面板中，将人物视频的"色温"降至 -40，再压暗人物的亮部，使两个视频的色调趋于一致。再给人物视频添加"VR 发光"和"阴影"特效，增强人物的光感和立体感（图 8-50）。

图 8-50 对人物视频进行调整

步骤 4 为背景视频添加"超级键"效果，将窗口中的绿色部分抠除（图 8-51）。

步骤 5 将素材中提供的课件图片拖拽入时间轴中，放在背景视频下面的轨道上。在"效果"面板中，将"扭曲"文件夹中的"边角定位"效果拖拽到图片素材上，切换到"效果控件"面板，选中"边角定位"效果，在画面中会出现 4 个控制点，将它们分别放置在背景视频窗口的四个角上，使图片素材与之相匹配（图 8-52）。

图 8-51 抠除背景素材的绿色部分

图 8-52 调整课件图片素材

步骤 6 现在的人物视频时长是 30 多秒，而背景视频的时长则只有 20 秒，因此可以把背景视频向后复制出来一份，并将其设置为倒放，这样就相当于将背景视频放了两遍，使其时长变为原来的两倍（图 8-53）。

图 8-53 复制背景视频

步骤 7 将其他课件图片素材也拖拽到时间轴上，并根据背景素材中窗口的切换动画时间点，将图片素材进行剪辑，使它们依次出现在窗口中（图 8-54）。

图 8-54 剪辑图片素材

技术解析

在步骤 7 中，如果将每张图片拖拽到时间轴上后，都要修改其大小、位置，为其添加"边角定位"效果并进行调整的话，就会重复增加工作量。可以先在时间轴上把已经调整好的图片多复制几份，剪辑好以后，再按住option键（macOS）或Alt键（Windows），将"项目"面板中的其他图片拖拽到时间轴上已调整好的图片上面，完成替换。

8.7.3　字幕和图形的添加

步骤1　先对人物说话的内容进行语音识别，并生成字幕（图8-55）。

步骤2　选中所有字幕，调整字体、大小、颜色，并添加阴影效果（图8-56）。

图8-55　语音识别说话内容

图8-56　调整字幕效果

步骤3　使用工具栏中的"矩形工具"，在字幕下面绘制矩形，并调整颜色，使其与字幕的颜色区分开，既能突出文字，又能对画面起到装饰作用（图8-57）。

图8-57　绘制矩形

步骤4　将"图形模板"面板中的"现代直播叠加"和"经典图像字幕"拖拽到时间轴上，并根据实际情况去修改文字内容（图8-58）。

图8-58　使用"图形模板"

至此，所有的元素都已经添加到画面中了。仔细观察画面，会发现背景视频和人物视频还不太协调，这是因为光感不统一，背景视频是左边暗右边亮，而人物视频则相反。

步骤 5　新建一个"黑场视频"，并将其拖拽到时间轴上，放在人物视频和背景视频上面的轨道上，在"效果"面板中，将"生成"文件夹中的"渐变"效果拖拽到黑场视频上，再在"效果控件"面板中，设置由左上到右下的白黑渐变效果，并将"不透明度"属性调整为50%，将"混合模式"设置为"柔光"，使整个画面的光照效果统一。

步骤 6　给人物视频和图形的前后都添加"交叉溶解"转场，使它们产生渐入的动画效果，最终完成的工程文件如图 8-59 所示。

图 8-59　最终完成的工程文件

最终完成的文件是本书配套素材中的"8.7- 慕课课程 .prproj"文件。

本章小结

　　本章的主要学习任务是 Premiere 的转场与合成，需要掌握的内容包括 Premiere 中的转场设置、视频转场插件的安装与使用、影视合成的概念和多个案例的制作方法。

　　很多初学者往往沉迷于炫目夸张的转场和合成效果，但其实无论是转场还是合成，都是为影视作品服务的。在什么情况下使用，要根据创作者和影片的需要来决定，切不可盲目地使用甚至滥用。

课后拓展

　　1. 使用本章学习到的方法，为自己之前的剪辑作品添加转场效果。

　　2. 使用提供的素材文件，将本章中的案例打乱重组，制作一个全新的合成作品。

第9章
影视作品综合案例实战

● **知识目标** 了解不同类型影视作品的制作流程
了解商业影视作品对制作技术的要求

● **能力目标** 具备计算机软件的基本操作能力
具有较强的影视作品欣赏能力

● **素质目标** 主动了解国内影视制作技术的发展趋势，树立文化自信
养成严谨的学习和工作态度，具有较强的创新意识

● **学习重点** 制作一部完整的视频作品
Premiere制作技术的综合运用

● **学习难点** 围绕着"主题"制作一部完整的视频作品
认识到制作技术是为艺术创作服务的

前面的几章讲解了 Premiere 的全部工作流程，也涉及了很多案例的制作。但是对于视频作品来说，炫酷的特效、漂亮的字幕、精致的调色、清晰的声音，这些都只是一部视频作品中的部分元素，而不是全部。

一部完整的视频作品是由主题、剧情、包装、节奏、特效、调色、字幕、声音等多种元素所组成的，其中起决定性作用的是主题，可以这么说，其他所有的元素都是为主题服务的。

在本章中，将使用几个完整的案例，通过讲解剪辑规则、镜头衔接、特效技巧、整体把握的原则，来全面介绍一部视频作品是怎样剪辑制作出来的。

9.1 ▶ 案例演示：用贝塞尔曲线抠像制作"分身术"特效

"抠像"（keying）一词是从早期电视制作中得来的，意思是画面中的背景与主体物分离，将背景从画面中抠去，只保留主体物，再为空掉的背景换上其他画面，形成多层画面叠加合成的艺术效果。

本案例将使用 Premiere 中"不透明度"属性里的"自由绘制贝塞尔曲线"蒙版技术，抠像并制作分身术的特效（图 9-1）。

视频教程

图 9-1 分身术特效的完成效果

9.1.1 抠像处理

步骤 1 将本书配套素材导入 Premiere 的时间轴上。这是一段将手机固定拍摄的视频，主角坐着摆出一个向下倒的姿势，然后起身出镜，再重新走回来做出一个推人的动作。

步骤 2 先在时间轴上进行剪辑，把角色倒下再起身并出镜的部分剪掉，再把角色入镜的部分单独裁剪出来，放在主角左顾右盼动作下面的轨道上。为了便于抠像，在主角入镜的时间点上，将上面轨道中的视频素材剪开，这样就可以针对后半部分进行抠像了（图9-2）。

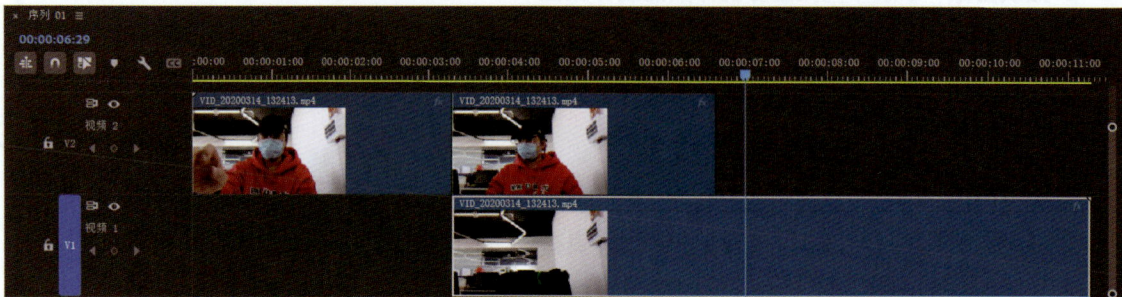

图 9-2 对素材进行剪辑

步骤 3 选中上面轨道主角左右张望的素材，并将时间滑块拖动到入镜主角即将接触到坐着的主角的时间点，然后在"效果控件"面板中，点击"不透明度"下面的"自由绘制贝塞尔曲线"按钮，在"节目"面板的画面中，沿着坐着的主角的身体边缘进行绘制，因为两者接触的位置只涉及画面左侧，所以右侧的身体边缘不用绘制。

绘制的时候，可以通过鼠标滚轮放大画面，以便于进行细致的绘制，还可以按下"H"快捷键，切换到手形工具，对画面进行平移操作，方便观察，然后再按下"P"键切换回钢笔工具进行绘制。当绘制的蒙版封闭以后，就会看到上下轨道的画面合成在一起了（图9-3）。

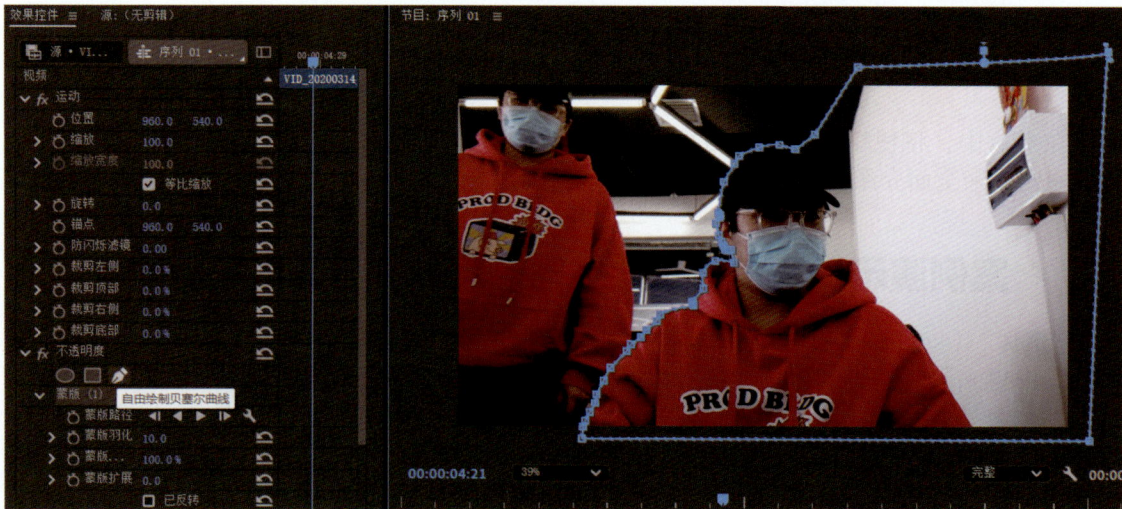

图 9-3 使用自由绘制贝塞尔曲线进行蒙版的绘制

步骤 4 绘制完以后，如果还想再修改细部，可以按下"V"键，使用选择工具，对蒙版上的点进行调整（图9-4）。

图 9-4　使用选择工具对蒙版进行调整

因为主角是动态的，而绘制的蒙版只能和这一帧画面相契合，所以接下来要给蒙版打上关键帧，使之成为动态的蒙版，与画面中动态的主角相结合。

步骤 5　点击"蒙版（1）"的"蒙版路径"左侧的"切换动画"按钮，为当前时间点的蒙版打上关键帧，再拖动时间滑块，会发现其实绘制的蒙版已经作用在该素材所有的帧上了，后续的蒙版不需要再重新绘制，只需要针对现在蒙版的形状进行调整就可以了。

步骤 6　在两个主角结合的时间点上，使用工具栏上的"选择工具"，调整蒙版上各个控制点的位置，使它们与这一帧坐着的主角身体相契合，每一次对蒙版的调整，系统都会自动为"蒙版路径"属性打上关键帧，拖动时间轴会看到蒙版形成了动态效果（图 9-5）。

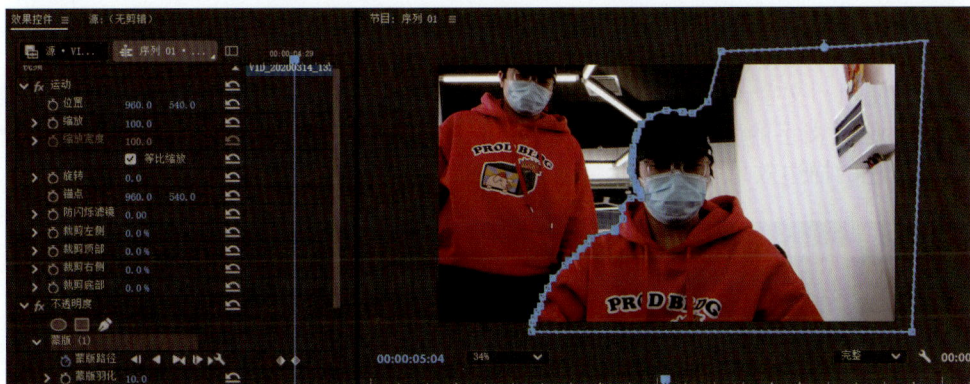

图 9-5　调整蒙版控制点的位置

步骤 7　继续拖动时间轴，根据坐着的主角的动作来调整蒙版形状。需要注意的是，在两个主角接触的位置需要仔细绘制，最后绘制完成的蒙版及其关键帧如图 9-6 所示。

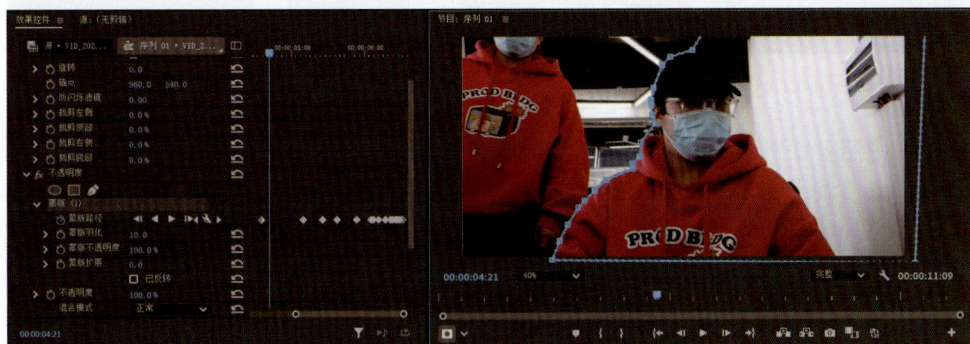

图 9-6　绘制完成的动态蒙版

在制作这一步时，初学者可能会觉得工作量太大，要一帧一帧去调整。但其实只需要调整两个主角接触的位置，而且，帧数总共也只有十几帧，蒙版的形状也只需要绘制一次，剩下的工作都是调整蒙版控制点的位置，认真调整的话，半小时左右就能完成。

9.1.2 特效添加和整体调整

实际上，这种"分身术"是动画片中才会出现的情节，所以在特效的设计中，可以添加一些动漫的元素。

步骤 1 导入一段动漫烟雾的素材，并放在时间轴上主角做出"分身术"手势的时间点上，制作出主角开始"施法"的特效。烟雾素材本身是蓝色的，可以在"Lumetri 颜色"面板中，调整"色温"和"色彩"的参数，将烟雾调整为偏暖色。再进入"效果控件"面板中，将烟雾素材的"不透明度"设置为 70%，让烟雾变淡一些（图 9-7）。

图 9-7　添加烟雾效果

步骤 2 使用"文字工具"，在画面中输入"多重影分身术"的文字，并将文字的颜色设置为深蓝色。但是文字的颜色和画面的深色区域有些重叠，这时可以勾选"描边"属性，为文字添加浅黄色的描边效果（图 9-8）。

图 9-8　制作文字效果

步骤 3 按照上面的方法，在主角左顾右盼的时候，添加文字"人呢？"。

步骤 4 主角倒下去的时候消失得比较突然，可以在该时间点上添加另一个动漫烟雾，并调整烟雾的颜色和透明度，这样就可以用动态的烟雾来遮挡住主角，让主角消失得不那么突然（图 9-9）。

图 9-9　继续制作特效

步骤 5　给两个文字的开头部分添加"划出"转场，为结尾部分添加"交叉溶解"转场，这样就给两个文字添加了淡入和淡出的动画效果（图 9-10）。

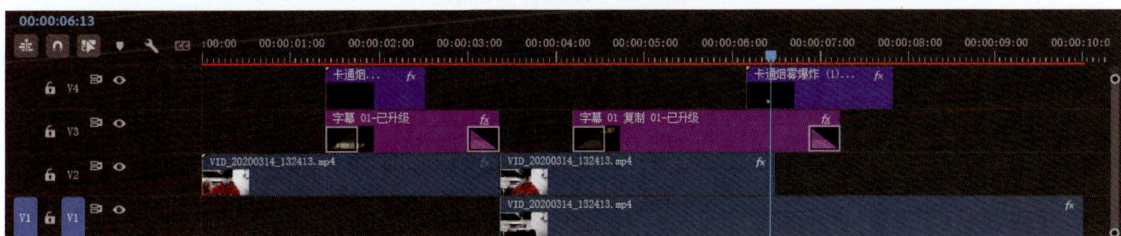

图 9-10　给文字添加转场

接下来要进行整体的调整。首先是色调，现在的画面有些平淡，对于一部以特效为主的视频来说，需要添加一些特别的颜色效果。

步骤 6　添加一个"调整图层"，并将它放在正片素材和烟雾素材之间的轨道上。在"色相饱和度曲线"中，在红色曲线和黄色曲线上各添加一个控制点，并稍稍往上抬，增加红色和黄色的饱和度。对于其他颜色曲线，可以直接调到最低，这样就能使画面中只保留主角的红色外套和肤色，其他颜色都变成了灰色，可以更加突出主角（图 9-11）。

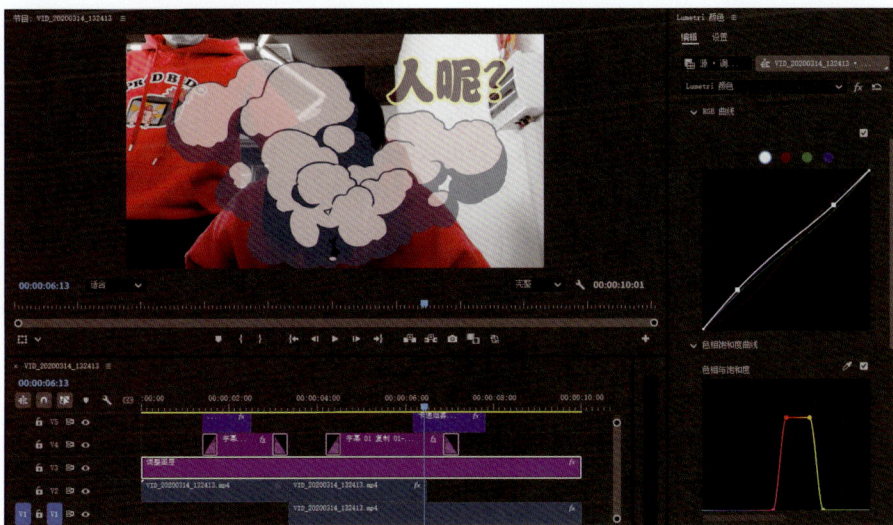

图 9-11　使用调整图层进行调色

步骤 7　由于这个视频前后两段的气氛是不一样的，所以在添加背景音乐的时候，可以在前面添加一段日本忍者主题的音乐，来烘托主角的"施法"特效，后半部分可以添加一段节奏较快的音乐，让气氛发生反转（图 9-12）。

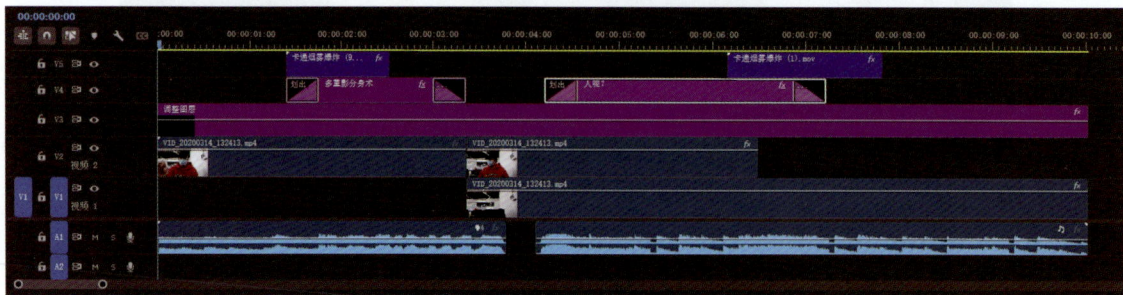

图 9-12　添加背景音乐

最终完成的文件是本书配套素材中的"9.1- 分身术特效 .prproj"文件。

9.2 ▶ 案例演示：商业广告《防水创可贴》的制作

"广告"一词，来源于拉丁文 advertere，意思是"注意、诱导及传播"，后逐渐演变为 advertise，其含义也衍化为"使某人注意到某件事"或"通知别人某件事，以引起他人的注意"。直到 17 世纪末，英国开始进行大规模的商业活动，这时，"广告"一词才转化为 advertising 并广泛流行。

本案例是根据相关的文案脚本剪辑一条商业动画广告《防水创可贴》。

视频教程

《防水创可贴》广告文案：

我们先来看下使用水胶体痘痘贴的正确步骤吧。

步骤1：清洁面部后建议用淡盐水清洗痘痘；

步骤2：用棉签对痘痘及周围的皮肤进行清洁；

步骤3：依照痘痘大小选择合适大小的痘痘贴，以痘痘开口处为圆心贴在痘痘上；

步骤4：将痘痘贴边缘按紧，使痘痘贴更加平整。

这时痘痘贴就开始吸附痘痘中的渗液，有效吸出脓头。

痘痘贴独有的CMC水胶体材质，可以净化痘痘部位肌肤环境，从源头减少痘印产生的可能。痘痘贴独有的PU表层能有效隔离外界污染，还具有雾面不反光、敷料色泽接近肤色等特点,让痘痘瞬间隐形。

当肤色的痘痘贴中间部分变成白色后即可更换。

9.2.1　使用素材剪辑广告

步骤 1　新建一个"痘痘贴剪辑"的 1080p 序列，将素材中所有的三维动画镜头和配音文件导入"项目"面板中（图 9-13）。

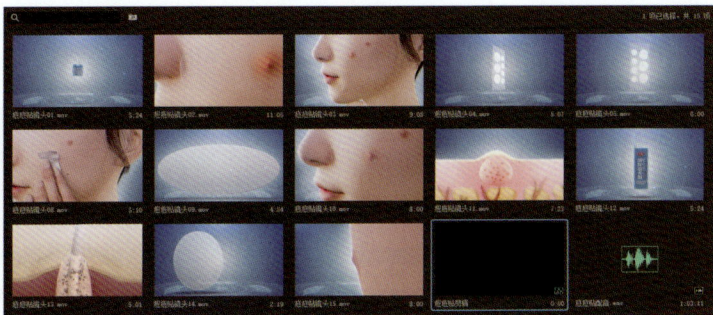

图 9-13　导入素材

步骤 2　将所有素材拖入时间轴中，会看到视频要比配音时长多出 20 秒，这对剪辑来说是有利的，因为可以剪掉多余的部分，或者将部分视频加速处理。但如果视频比配音时间短，就需要再找一些其他素材进行补充，工作量也会相应增加（图 9-14）。

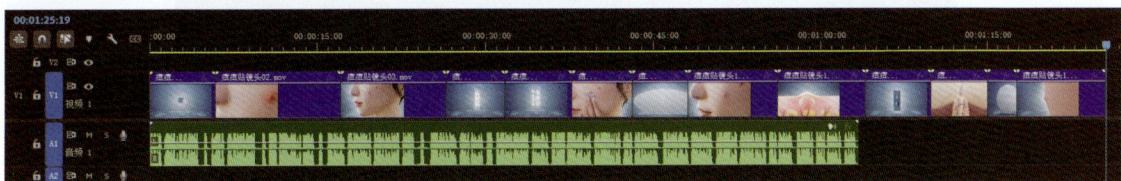

图 9-14　将素材拖到时间轴上

在剪辑有解说词的广告片时，需要根据每一句解说词的意思，配上与之对应的镜头画面。

步骤 3　认真听解说词，对应着每一句解说词内容对视频进行剪辑。如果是剪辑专业性比较强的广告片，遇到拿不准的地方，就需要边剪辑边和相关人员确认。本广告剪辑完成的效果如图 9-15 所示。

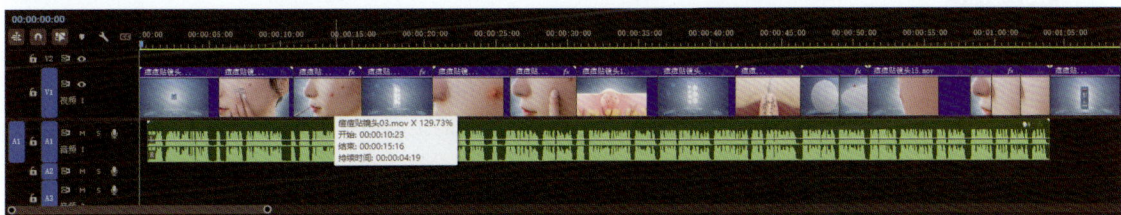

图 9-15　剪辑完成的广告片

步骤 4　将视频从头到尾整体预览几遍，如果发现有的镜头之间连接得过于突兀，可以添加一些视频转场进行过渡（图 9-16）。

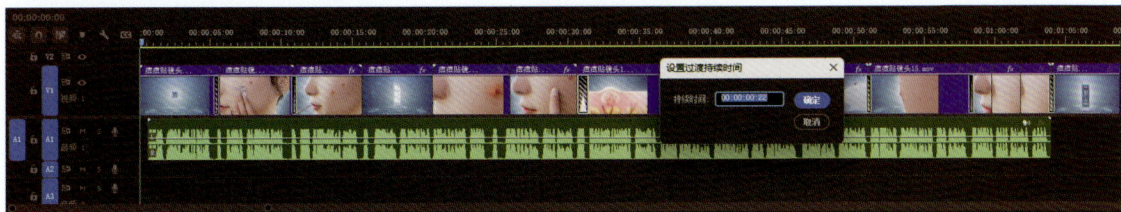

图 9-16　添加视频转场

步骤 5 在时间轴上选中配音的音频文件，在"文本"→"字幕"面板中，点击"从转录文本创建字幕"的按钮，让 Premiere 自动识别语音内容，并生成字幕（图 9-17）。

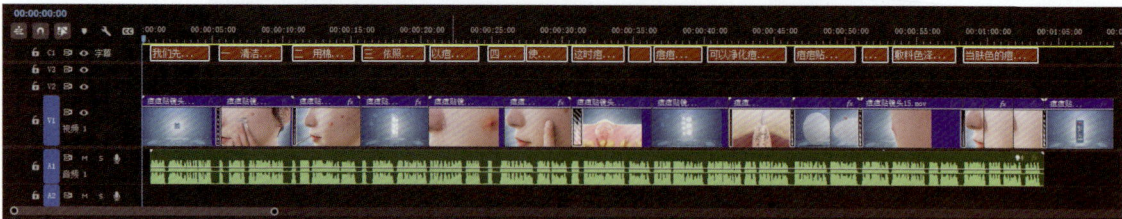

图 9-17　自动生成字幕

步骤 6 选中所有的字幕，在"属性"面板中，设置文字的字体、大小、填充色和阴影（图 9-18）。

图 9-18　设置白线的效果

技术解析

在影视作品中，黑体的使用优先级是在宋体之前的，这是因为黑体文字的笔画粗细基本一致，辨识度较高。而宋体这种衬线体文字，虽然结构精致美观，但其横向笔画较细，因此辨识度比黑体要低。

宋体这种衬线体文字还会使观众产生误解，例如"天"字的上面两横较细，缩小后有可能会使观众看不完整，误读为人、夫、无等文字（图9-19）。

图 9-19　不同字体文字的比较

信息传达错误，是比信息传达不到更为严重的问题，会导致观众对信息解读错误。一般纸质的印刷品，观众可以拿在手里阅读，即便看不清楚，也可以拿近一点去读。但是影视作品，很多时候是在电视、电影院的大屏幕上播映的，观众一般不会起身离近点去看，而且因为影视作品是动态的，有些信息观众没有读取完就消失了，所以影视作品中一般会使用辨识度高的黑体文字，来尽量保证观众能够快速清晰、准确地读取。

步骤7　因为广告片中有专业用语，Premiere 自动识别语音得到的内容并不一定都准确，因此就需要对所有的字幕进行校对，在商业广告片中，文字是一定不能出错的。有些字幕过长，导致在画面中出现多行的情况，这时就需要选中该字幕，点击"字幕"面板的"拆分字幕"，快捷键是 option+S 键（macOS）或 Alt+S 键（Windows），将该字幕拆分为两条后，再逐一调整。同理，如果字幕过短，也可以按住 Shift 键，选中多条字幕，点击"合并字幕"，快捷键是 option+M 键（macOS）或 Alt+M 键（Windows），将它们合并为一条字幕（图 9-20）。

图 9-20　校对和调整字幕

9.2.2　调色和声音剪辑

步骤1　创建一个调整图层，并把它放在时间轴上，拉长并覆盖住所有镜头（图 9-21）。

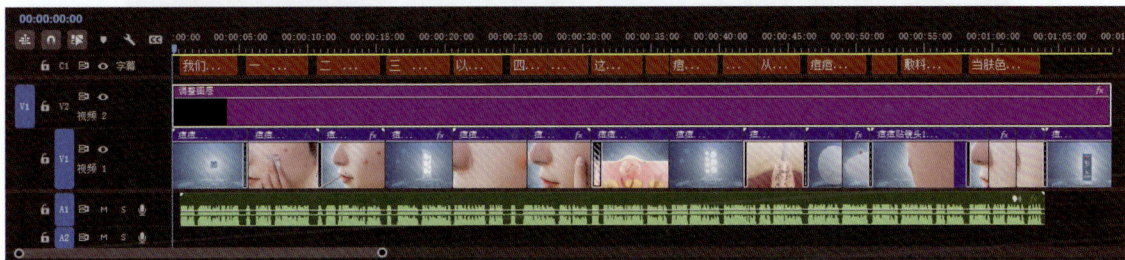

图 9-21　创建调整图层

步骤2　在时间轴上选中调整图层，在"Lumetri 颜色"面板中，对颜色的各项参数进行调整。如果无从下手的话，可以直接点击"自动"按钮，让 Premiere 自动调色，并在此基础上再进行二次调整（图 9-22）。

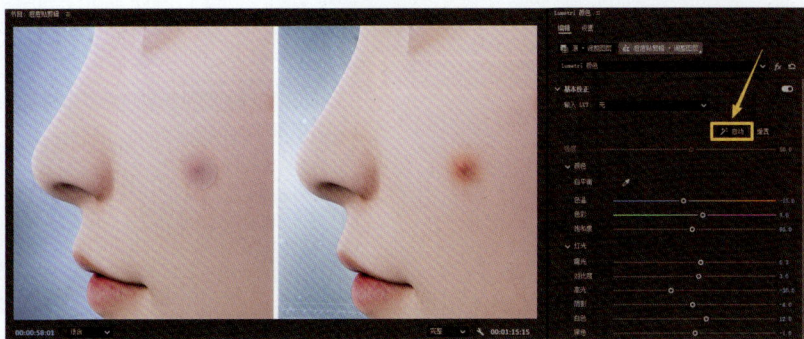

图 9-22　将视频素材的混合模式改为柔光

步骤 3　添加背景音乐，把超出广告片时长的部分剪掉，并在末尾添加"恒定功率"音频转场，使背景音乐逐渐淡化。把品牌 logo 的动画放在末尾，作为广告片的定版，再把结尾音乐放在音轨的末尾（图 9-23）。

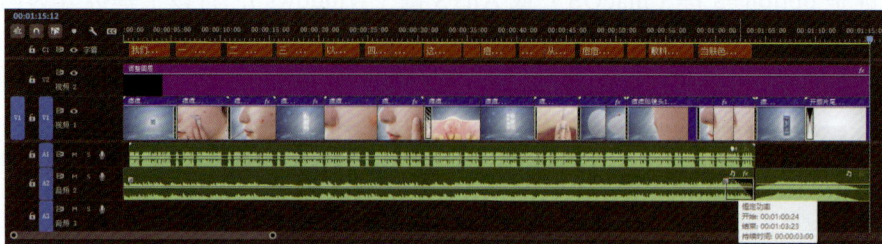

图 9-23　添加背景音乐

步骤 4　继续添加音效，尤其是对于有视觉冲击力的镜头，需要添加一些合适的音效，以使观众的观感更强烈（图 9-24）。

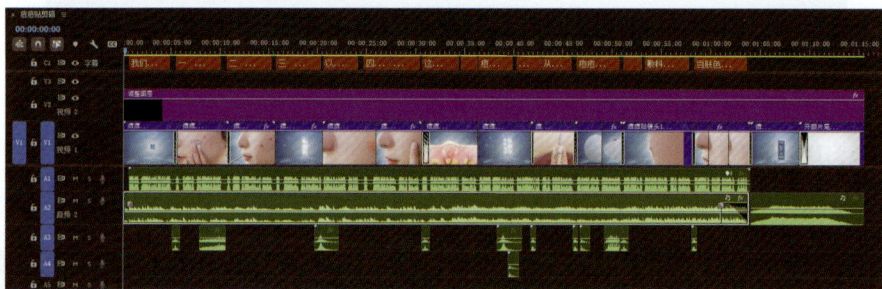

图 9-24　添加音效

步骤 5　进入"导出"界面，准备对广告片进行最终输出。提交的视频格式以 mp4 为主，所以需要把"格式"设置为"H.264"。点击"更多参数"按钮，将"目标比特率"设置为 20，这样导出来的视频清晰度高，当然文件也会比较大，观察导出设置界面的右下角，显示现在这条 1 分 15 秒的视频，导出以后"估计文件大小"为 192MB（图 9-25）。

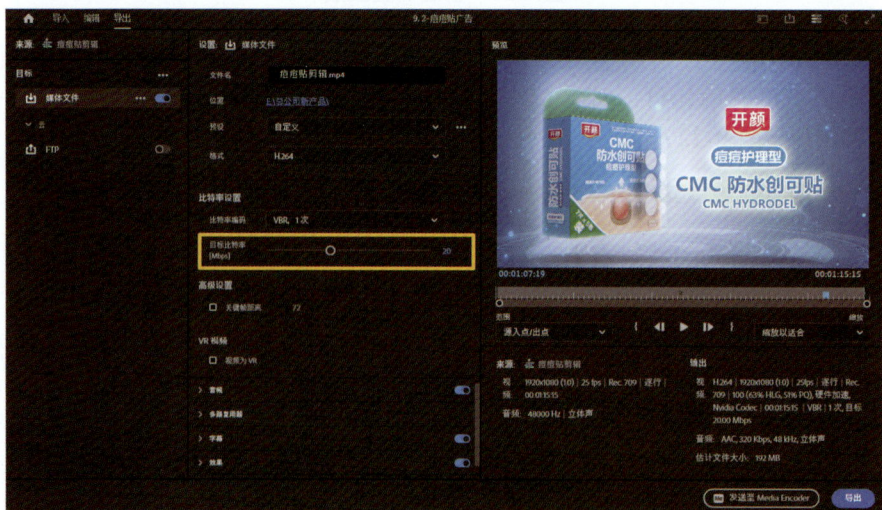

图 9-25　导出设置

最终完成的文件是本书配套素材中的"9.2-痘痘贴广告.prproj"文件。

9.3 ▶ 案例演示：淘宝商品展示视频《艺术家系列棉签》的制作

本案例将制作一部用于在电商平台展示的商品宣传视频（图 9-26）。

图 9-26　视频效果展示

先来看一下这部《艺术家系列棉签》展示视频的文案。

《艺术家系列棉签》视频文案：

艺术家系列棉签，艺术品级的原创设计，视网膜级的精美印刷，精选新疆长绒棉，超大容量，经久耐用，不含任何荧光剂，安全卫生。

9.3.1　对视频进行粗剪

粗剪（rough cut）：依据已完成的脚本内容，将拍摄好的素材按照大概的先后顺序加以接合，形成影片初样。

粗剪可以在短时间内快速形成视频的雏形，就像是创作一幅画要先画出草图小样一样，粗剪可以方便制作团队对视频质量进行评估，看是否需要进行大的调整，并判断是否需要补拍素材。

视频教程

粗剪的主要目的在于搭建整个影片的结构，不必进行非常细致的调整，如音乐、节奏甚至是剪辑点等因素，主要关注影片的逻辑和镜头的连接。

技术解析

粗剪的第一步是筛选素材。

以该案例为例，拍摄的素材有84个，而最终使用到的素材只有13个，使用率只有约1/6，这在影视作品的制作中是很常见的。因此，前期就需要对素材进行筛选，通常分为以下三步。

①选出有明显问题的、肯定不会在剪辑中使用到的素材，将其直接删掉，以节省硬盘空间；

②对于同样内容的素材，挑选出效果最好的，将其导入剪辑软件中；

③拿不准会不会被用到的素材，先保留在硬盘中，标记一下待用。

步骤 1　在 Premiere 中新建一个 1080p 的名为"淘宝商品剪辑"的序列，导入拍摄好的视频和图片素材。

脚本中的镜头 1，内容是"家里，桌子上，一缕阳光从窗口照射进来，将商品照亮，展示商品全家福"。但在最终的剪辑时，发现商品全家福会把画面全部撑满，而在正常情况下，商品展示视频开头的前 10 秒，就要完整地展示出商品信息，包括商品包装、文字、品牌等。因此第一个镜头选择的是单独商品的展示画面，这样就能够有足够的空间放下更多的商品信息。

接下来要展示的镜头 2，内容是"艺术品级的原创设计"。这就需要使用中近景来展示商品包装上的精美设计。在画面上，要弱化背景，突出商品的包装，所以就需要使用带景深效果的图片素材来展示。

对于短视频来说，一定要尽量避免图片素材以静止的形式出现，这样会让画面从运动忽然转入静止，使观众产生不好的体验。

在本案例提供的素材中，图片素材的大小是 4032 像素 ×3024 像素，是剪辑序列 1920 像素 ×1080 像素的两倍以上，因此可以将图片在序列中制作成位移、放缩等动态效果。

步骤 2　将图片拖入时间轴中，使图片在节目面板中显示出来。在调节之前，需要在节目面板上按下鼠标右键，在弹出的浮动菜单中选择"安全边距"命令，这时画面上会出现两个边框，即"安全框"（图9-27）。

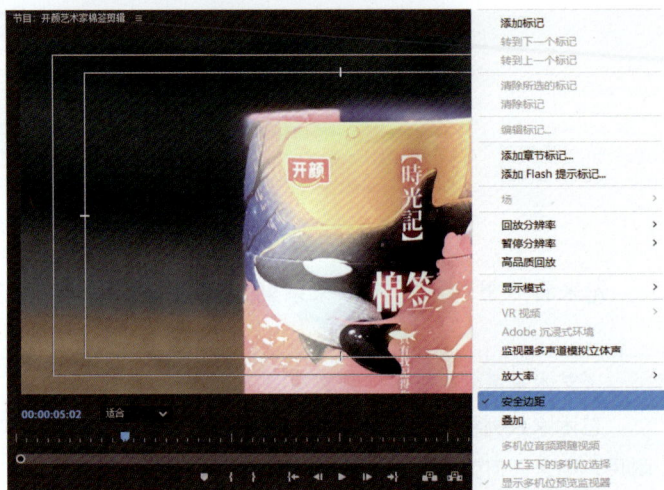

图 9-27　Premiere 的安全框

技术解析

安全框是针对影视播出系统而设的。因为影视播出系统无论是采用信号模拟还是数字传输的方式，都存在信号损失的问题。实际传输的画面最终呈现在终端屏幕，即电视机上，有可能会小于标准画面。此外，一些电视或终端设备也存在虚标或异标显示尺寸的问题。安全框就是用于提醒制作者画面呈现的安全范围的，以保证在画幅裁剪变小或显示不足时，信息不会损失太多。一般最外框是图像安全框，用来表示可能会被裁剪掉的部分，内容只要在图像安全框内就没问题。内框是字幕安全框，一般用来表示最差显示范围，字幕只要在字幕安全框以内就能保证显示完整。

步骤 3　在时间轴上选中图片，在 Premiere 的"效果控件"面板中调整"缩放"和"位置"的参数，使商品以中景的形式出现在画面偏右侧的位置。

步骤 4　接下来要制作图片从画面右侧缓缓向左侧移动的动态效果。在时间轴上把时间滑块拨动到该图片的起始时间点上，再点击"效果控件"面板中"位置"属性前面的"切换动画"按钮，这样就可以在当前位置为图片打上一个关键帧。再将时间滑块拨动到图片结束的时间点上，调整"位置"属性的第一个参数，使图片向左移动一些，再生成一个关键帧。这样就制作出了图片由右向左移动的动画效果（图 9-28）。

图 9-28 控件面板中"位置"属性的关键帧

这种通过"位置"属性来制作的平移图片效果，其实也可以通过移镜头实拍出来，但是拍摄时需要用到轨道，以使手机平稳地移动。如果是手持拍摄的话，肯定会出现画面不稳甚至抖动的情况。

步骤 5 后续的两款商品，也是使用图片素材，将其以逐渐缩小的形式在时间轴上依次排列，这样方便去接下一个商品全家福的全景镜头。

步骤 6 脚本中镜头 3 的内容是"视网膜级的精美印刷"。这时就可以将几款商品都展示出来了。可以将素材中两张机位不变的全家福图片依次放在时间轴上，这样可以形成三盒棉签自己聚在一起的定格动画效果（图 9-29）。

图 9-29 商品全家福的效果

步骤 7 外包装展示完之后，就需要展示内部的棉签实物了。因为现在包装盒还都是合着的，所以需要先添加一个打开包装盒的镜头进行过渡，然后再展示内部的棉签。这里可以使用前期拍摄的用手打开棉签的视频素材（图 9-30）。

步骤 8 镜头 4 的内容是"精选新疆长绒棉，天然亲肤"。这就需要给棉签一个大特写，展示棉签头部"绒"的效果。这里使用的也是加了景深的图片素材，按照前面制作图片移动效果的方法，给该图片也制作一个由右向左缓缓移动的动态效果（图 9-31）。

图 9-30 由外包装展示到内部的棉签展示

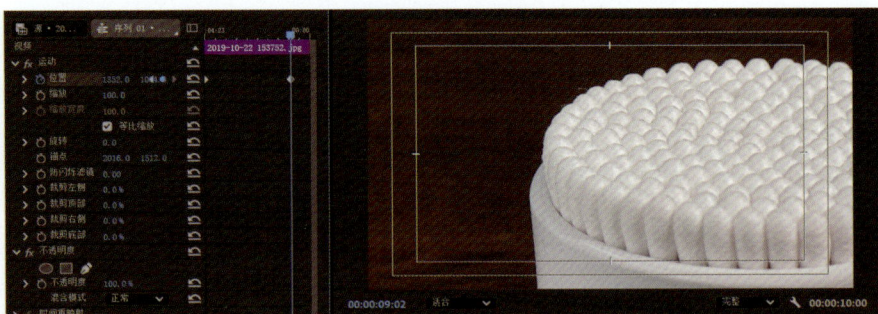

图 9-31 制作棉签大特写镜头的位移动态效果

步骤 9 在表现镜头 5 "超大容量，经久耐用" 时，可以使用前期拍摄的棉签密密麻麻落下的慢动作视频素材。将其直接拖入时间轴中，按下空格键预览，会发现并没有出现慢动作。这是因为预览时还是按照视频拍摄时的帧频，即 100 帧每秒的速度播放，这就需要把播放速度降到原来的 1/4 左右。

在时间轴上用右键点击慢动作素材，在弹出的浮动菜单中选择 "速度 / 持续时间" 命令，将速度设置为 25%，这样就可以将速度放慢，以 25 帧每秒的速度进行播映（图 9-32）。

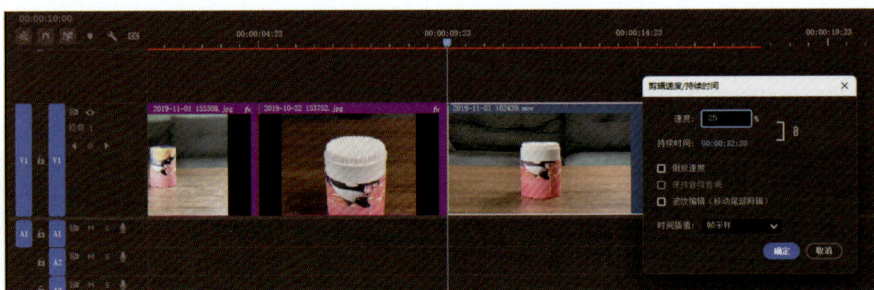

图 9-32 设置剪辑速度 / 持续时间

脚本中的镜头 6 是 "不含任何荧光剂，安全卫生"，这就需要用到使用荧光剂检测笔检测棉签的镜头。由于在拍摄的时候，只是拿着检测笔由右向左照了一遍，因此在剪辑的时候会感觉该镜头的强调性不够。这里可以使用倒放的形式，将检测笔由右向左的移动倒放，变成由左向右的移动，这样来回几次，就可以将不含荧光剂的特点展示得更充分。

步骤 10 截取一段检测笔从棉签右侧移动到左侧的视频，按住 option 键（macOS）或 Alt 键（Windows）将该视频移动到后面，这样会直接将视频在时间轴上复制出来一份。右键点击复制出来的视频，再点击 "速度 / 持续时间" 命令，然后勾选 "倒放速度" 选项，按下 "确定" 键，视频就可以倒放了（图 9-33）。

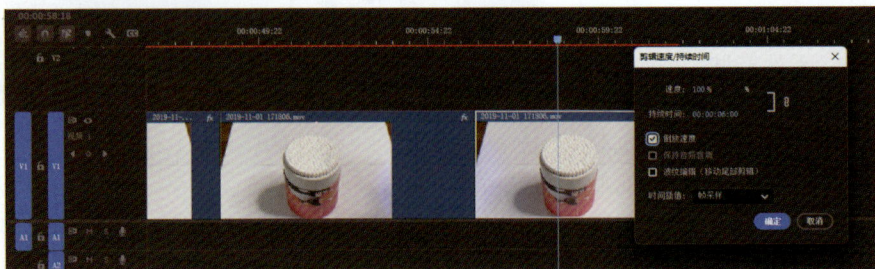

图 9-33 设置视频素材倒放

步骤 11 片尾处可以放上企业或品牌 logo、商品效果图、企业二维码等相关信息，这就需要和商品部门进行沟通确认。值得注意的是，如果将该视频作为淘宝主图视频，按照淘宝的相关规定，主图视频中不允许出现黑边、第三方水印（包括拍摄工具及剪辑工具 logo 等）、商家 logo（片头不能出现品牌信息，可在视频结尾出现 2 秒以内，正片中不可以以角标、水印等形式出现 logo）、二维码、幻灯片类视频。所以具体要添加哪些信息，需要根据播映平台的要求来调整。

步骤 12 完成粗剪以后，再从头到尾完整地将视频看几遍，最好再和商品部门进行沟通，确认没有什么问题以后，就可以进入下一环节了。

9.3.2 添加背景音乐并精剪

本案例最终使用的是一支有点爵士风格的背景音乐，除了比较有特点以外，该音乐的节奏感也较强，适合剪辑时进行对位和卡点。

步骤 1 将背景音乐素材拖到时间轴的 A1 轨道上，并将轨道拉高一些，使背景音乐的波形效果展示得更完整（图 9-34）。

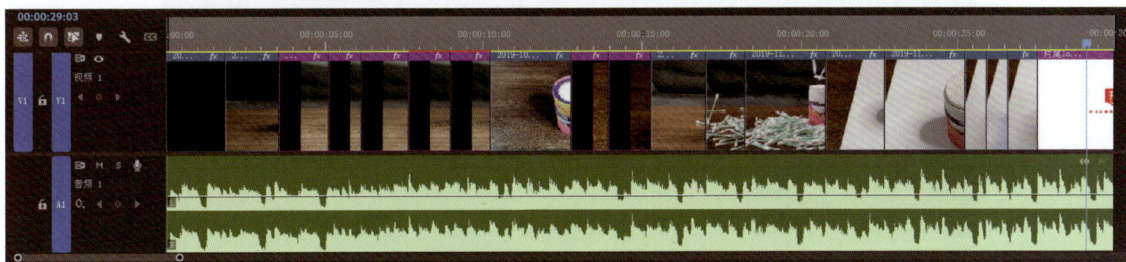

图 9-34　背景音乐在时间轴上的波形效果

步骤 2 如果声音文件在时间轴上的波形效果较低，可以用鼠标右键点击时间轴上的声音文件，在弹出的浮动菜单中点击"音频增益"命令，并调高"调整增益值"的参数，这样能调高声音文件的音量，同时也可以调高波形效果。

步骤 3 在制作的过程中，经常会遇到背景音乐与视频时长不一致的情况，例如案例中的背景音乐总长度为 1 分 52 秒，而视频长度只有 30 秒，因此就需要对背景音乐进行剪裁，将多出的部分剪掉。按下空格键进行预览，会发现背景音乐结束得过于突兀，这时需要在背景音乐的尾部添加音乐渐隐的效果。

步骤 4 打开"效果"面板，逐一点开"音频过渡"→"交叉淡化"文件夹，找到"恒定功率"效果，使用鼠标左键将其拖动到背景音乐的结尾处，这样就可以使背景音乐缓缓消失。如果觉得音乐消失的效果还是太快，可以在时间轴上用鼠标右键点击该效果，在弹出的浮动菜单中选择"设置过渡持续时间"，将时间增长（图 9-35）。

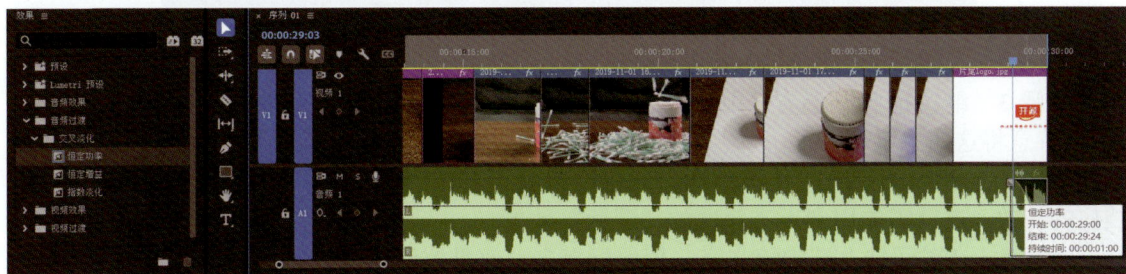

图 9-35　在背景音乐结尾处添加渐隐效果

接下来，就可以按照背景音乐的节奏点，对视频进行精剪了。

精剪（final cut）：是指在粗剪的基础上，对镜头的出入点进行更为精准和精细的剪辑，常常作为短视频的最后剪辑版本，为输出成片打下基础。

在本案例中，因为本身镜头数量就很少，对于镜头出入点基本上没有精剪的必要，但可以针对背景音乐的节奏点，进行一些卡点的剪辑，让整个短视频更有节奏感。

9.3.3　添加字幕和转场效果

本案例是没有配音的，因此脚本中的商品卖点需要通过字幕的形式在画面中出现，以加深观众对商品特点的印象。

该案例中，文字和画面应该作为一个整体来设计，需要对文字进行更加精细的调整。

步骤 1　使用工具栏上的"文字工具"，在主画面中输入文字"艺术家系列棉签"，在"属性"面板中，分别设置文字的字体、大小、行距、字间距和填充颜色。再使用"选择工具"，将画面中的文字拖动到合适的位置（图 9-36）。

图 9-36　输入文字

步骤 2　第一个镜头是商品逐渐被照亮，字幕也可以随着画面的亮度变化而出现。在时间轴上选中文字，在"效果控件"面板中，给"不透明度"属性打上关键帧，并将动画设置为"缓出"，让字幕有一个逐渐显现的动态效果（图 9-37）。

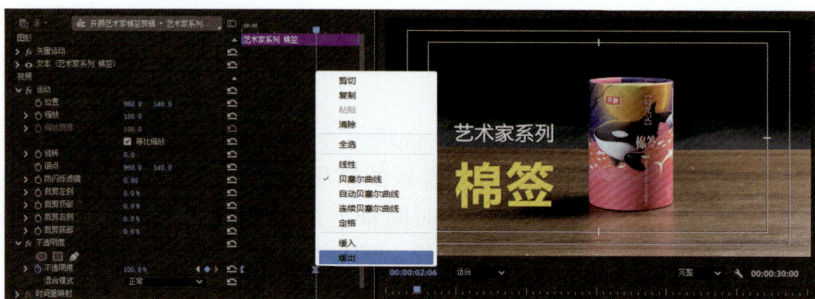

图 9-37　给字幕添加不透明度动画效果

步骤 3　继续按照以上方法制作"艺术品级的原创设计"字幕，这里为了突出"原创设计"，特意将这四个字放大了一些，并且做加粗处理。

该镜头是棉签由右向左平移的动态效果，因此要制作一个文字被移动过来的商品包装遮挡住的特效，这就需要用到不透明度的"蒙版"效果。

步骤 4　在时间轴上选中该文字，用鼠标点击"效果控件"面板中"不透明度"属性下面的"创建 4 点多边形蒙版"按钮，创建矩形蒙版，再使用工具栏上的"选择工具"对蒙版形状进行调整，使矩形框完全覆盖住文字，把字幕完整地展示出来（图9-38）。

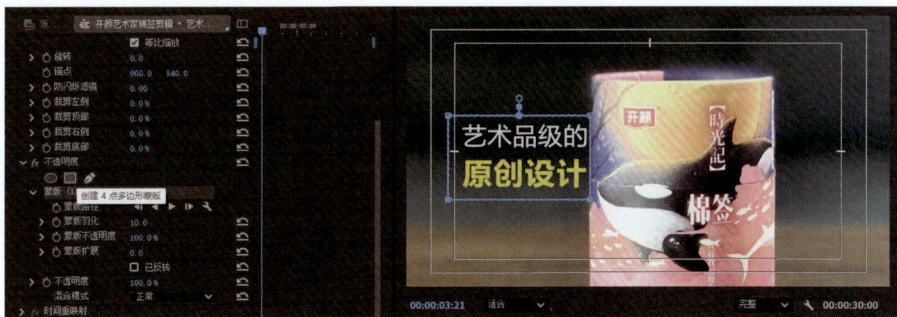

图 9-38　为字幕添加蒙版效果

接下来要制作棉签的包装盒遮挡住字幕的效果，这就需要给蒙版制作动画。

步骤 5　在时间轴上将时间滑块移动到包装盒和字幕接触的时间点处，在"效果控件"面板中，点击"蒙版（1）"下面"蒙版路径"的切换动画按钮，打上第一个关键帧。再将时间滑块拨动到对应的该镜头的结尾处，移动蒙版，遮挡住字幕的右侧部分，形成包装遮挡主文字的视觉效果（图9-39）。

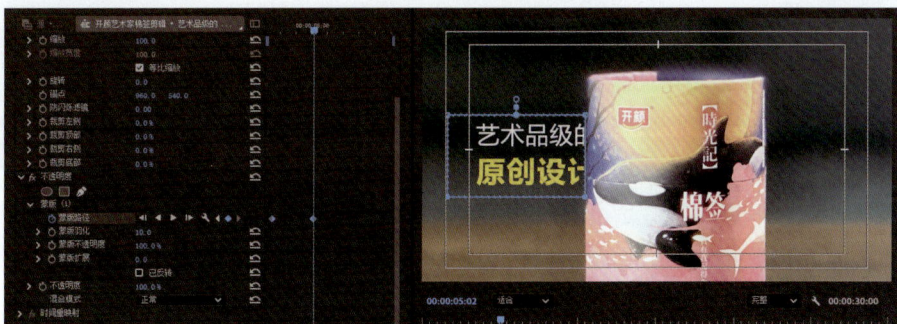

图 9-39　制作字幕被遮挡的效果

步骤 6　反复使用上述方法，将文案中的商品特点以字幕的形式展示在短视频相对应的镜头画面中（图9-40）。

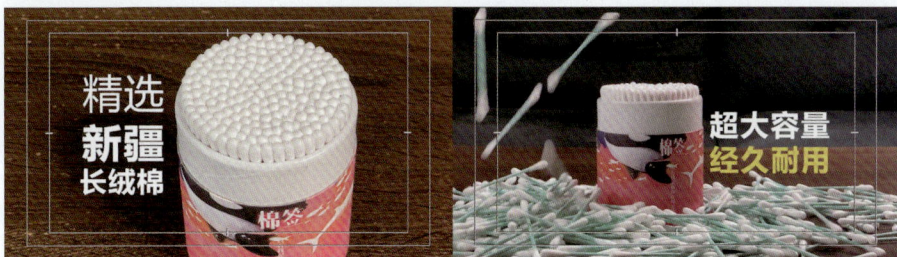

图 9-40　不同的字幕效果

现在的镜头都是硬切，没有任何过渡效果。接下来要给镜头之间添加转场效果。

步骤 7　打开效果面板，逐一点开"视频过渡"→"溶解"文件夹，将"交叉溶解"效果拖动到第一个和第二个镜头的连接处，使两个镜头之间增加叠化的过渡效果。如果想要调整过渡时间，也可以在时间轴上选中添加的"交叉溶解"过渡效果，在"效果控件"面板中，调整"持续时间"的长度（图9-41）。

图 9-41　视频过渡转场效果的制作

步骤 8　这些视频过渡效果还能用在字幕上，使用"交叉溶解"过渡效果放在字幕的开头和结尾处，就能制作出字幕淡入淡出的动画效果（图9-42）。

图 9-42　给字幕添加视频过渡效果

9.3.4　基础调色和合成特效

本案例是商品的展示，目的是激发观众的购买欲，因此画面需要较高的饱和度和亮度，在接下来的调色中可以以此为基准进行调整。

步骤 1　创建一个"调整图层"文件，把它放在最上面的轨道上，使其覆盖住整个时间轴，这样只需要对调整图层进行设置，就能统一改变其覆盖下的所有素材的效果（图9-43）。

图 9-43　添加调整图层

步骤 2　Premiere 中自带了很多调色的预设，可以一键调色。在"项目"面板中，点开"Lumetri预设"文件夹，下面有多个不同名称的文件夹，内部还有多个调色预设文件。选中任意一个调色文件，右侧都会出现预览画面，展示该预设的调色效果。

本案例中，使用的是"技术"文件夹中的"合法范围转换为完整范围（8位）"预设。将其拖动到时间轴的调整图层上，会看到画面有了明显的改变。在时间轴上选中调整图层，在"效果控件"面板中多了一个"合法范围转换为完整范围（8位）"的效果，在"基本校正"的参数列表中会看到，色温、曝光、阴影等参数都被调整过。拨动时间滑块预览下整体效果，可以发现被调整图层覆盖的所有画面都会据此发生变化（图9-44）。

图9-44 添加预设调色

如果希望对现有效果进行调整，也可以对"效果控件"面板中的"合法范围转换为完整范围（8位）"的参数进行设置。

步骤3 因为每一个镜头的画面效果不一样，所以同样的参数可能不适用于其他镜头。使用时间轴上"剃刀工具"，将调整图层剪开，使每一段调整图层对应不同的镜头，然后再单独调整参数。

调色完成后，剪辑师还可以根据自己的思路，制作一些简单的合成特效。

步骤4 素材中提供了一段没有透明背景的镜头光晕素材，如果把它直接覆盖在画面上的话，会遮挡住所有的画面。这就需要在效果控制面板中，把"混合模式"改为"滤色"，这样会把素材中所有的暗部都过滤掉，只留下亮部的光晕效果，再把"不透明度"改为24%，就可以模拟出若隐若现的镜头光晕效果，增加画面的光感和动感（图9-45）。

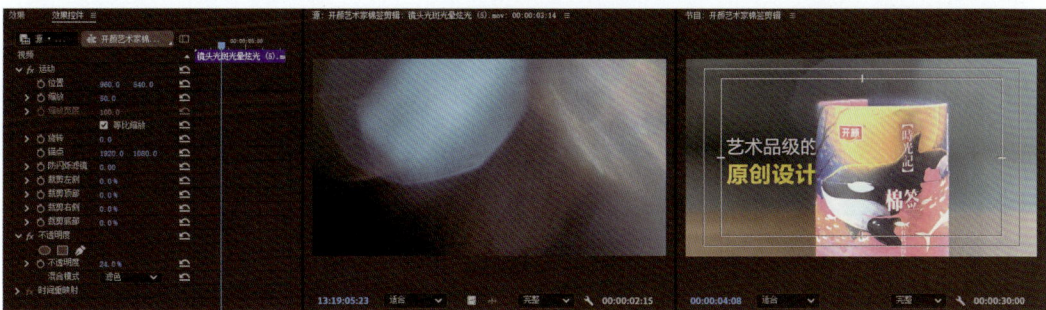

图9-45 合成镜头光晕素材

步骤5 镜头光晕素材的时长较短，只有5秒，如果希望全片都出现光晕效果，可以按住option键（macOS）或Alt键（Windows），在时间轴上拖拽光晕素材，将它多复制一些，使其覆盖整片就可以了。

至此，整个商品展示视频的制作就基本完成了，剪辑的工程文件如图9-46所示。

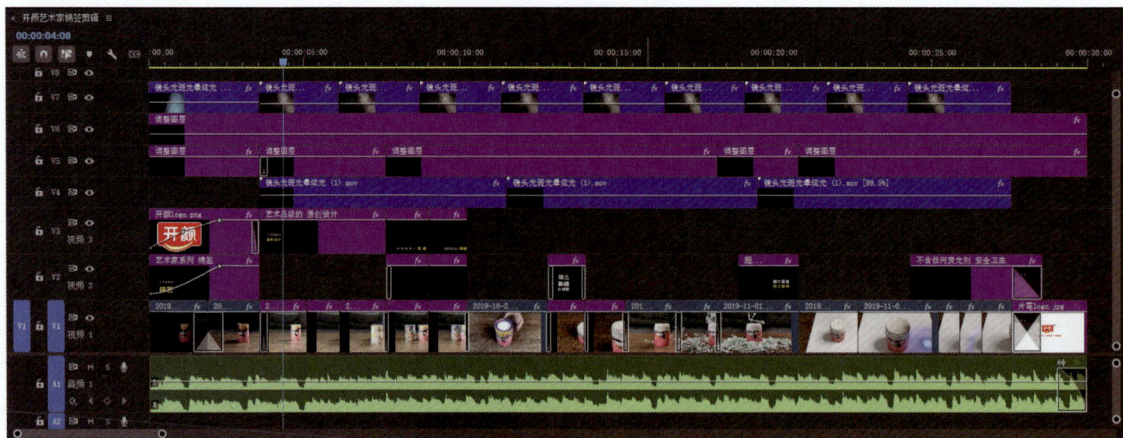

图 9-46　最终的剪辑工程文件

9.3.5　调整尺寸和最终输出

视频制作完成以后，需要根据不同平台的要求调整尺寸。

现在的尺寸是横版的1080p，即画面分辨率为1920像素×1080像素，帧速率为25帧/秒。如果是投放在移动端的话，就需要再调整一版3∶4竖屏，宽高尺寸不低于800像素的版本。

其实可以通过执行菜单的"序列"→"自动重构序列"命令，来任意调节序列的长宽比例。但本案例中有大量的字幕，如果使用"自动重构序列"命令，会使一些文字被切出画面，因此在本案例中先使用传统调整序列比例的方法来制作。

步骤1　执行菜单中的"文件"→"新建"→"序列"命令，在弹出的"新建序列"窗口中，进入"设置"面板，设置编辑模式为"自定义"，将"帧大小"设置为810像素×1080像素，这样在高度不变的情况下，将画面比例调整为3∶4竖屏，按下"确定"键，这样就在项目中新建了一个3∶4竖屏的新序列（图9-47）。

步骤2　将之前剪辑的1080p横屏序列拖到新序列的时间轴上，这时会弹出"剪辑不匹配警告"窗口。这是因为两个序列的尺寸不一致，Premiere会询问是以哪个序列的尺寸为准。如果点击"更改序列设置"按钮，就会以拖入的素材设置为准。但现在是要剪辑竖屏版本，因此要点击"保持现有设置"，这时就会以现在的竖版序列设置为准了（图9-48）。

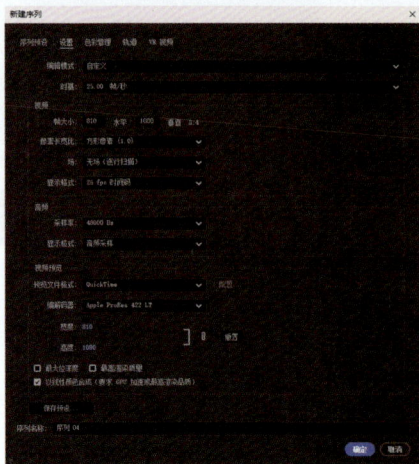

图 9-47　设置竖屏序列

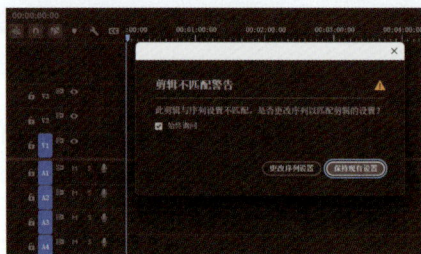

图 9-48　"剪辑不匹配警告"窗口

步骤 3　现在的操作实际上就是序列套序列，把之前的横屏序列作为一个整体，放入新的竖屏序列中。这样在竖屏序列中，只会保留画面最中间的部分，其他部分就会被裁掉。拨动时间滑块看一下，有些镜头是没问题的，但有些镜头的字幕会被裁掉一部分。遇到这种情况，就需要回到原横屏序列里进行调整，以保证字幕的完整性（图 9-49）。

步骤 4　返回横屏序列中，对字幕显示不完整的镜头逐一进行调整。因为比例问题，有些字幕需要重新调整大小和位置。调整以后要进入竖屏序列中观察一下，确保字幕能够在画面中完整地展示出来（图 9-50）。

图 9-49　竖屏序列中的显示效果

图 9-50　重新调整字幕位置

全部调整完以后，就可以进行最终的成片输出了。

步骤 5　有些平台对上传的短视频尺寸有严格的要求，如果规定的尺寸大小和现有序列不匹配但比例相同的话，可以在"导出"面板中，取消勾选"帧大小"后面的勾选框，并在下拉菜单中选择"Custom(1920×1080)"，然后取消 1920 和 1080 中间的锁定，这样就可以直接调整输出宽度和高度的数值了（图 9-51）。

图 9-51　调整导出宽度和高度的数值

步骤 6 如果平台对上传视频的体积大小有限制（有些会要求 200MB 以内），那么可以调整"目标比特率"的数值，以满足平台的要求。

步骤 7 全部设置完以后，按下"导出"按钮，就可以输出成片了。

最终完成的文件是本书配套素材中的"9.3-淘宝商品展示视频 .prproj"文件。

9.4 ▶ 案例演示：漆扇非遗短视频《漆脉·扇语》的制作[1]

李子柒的非遗短视频在网络上获得极高热度后，各大短视频平台都推出了"非遗"短视频的扶持计划，发布"非遗"相关的短视频都可以得到流量的扶持。

本案例将制作一部内容为河南非遗传承人徐青松制作漆扇的短视频。素材都是 mp4 格式的视频，规格有两种，分别是帧速率为 50 帧 / 秒的 4K 视频，以及帧速率为 120 帧 / 秒的 1080p 视频。

在制作视频之前，首先要了解漆扇的制作流程，具体步骤为：注水、调漆、滴漆入水、染扇和晾扇。

9.4.1 AIGC辅助剪辑脚本

近年来，AIGC 技术突飞猛进，在各个领域都产生了极大的影响。在剪辑之前，如果不知道从何下手，就可以使用 AIGC 技术来进行前期剪辑脚本的设计，本案例中使用 DeepSeek 来进行演示。

在制作之前，首先要了解漆扇的制作流程，分别是注水、调漆、滴漆入水、染扇和晾扇。

打开 DeepSeek，点击"开启新对话"按钮，并输入图 9-52 所示文字。

这时 DeepSeek 会快速自动生成一个简单且具体的剪辑脚本（图 9-53）供剪辑师参考。

图 9-52　输入文字

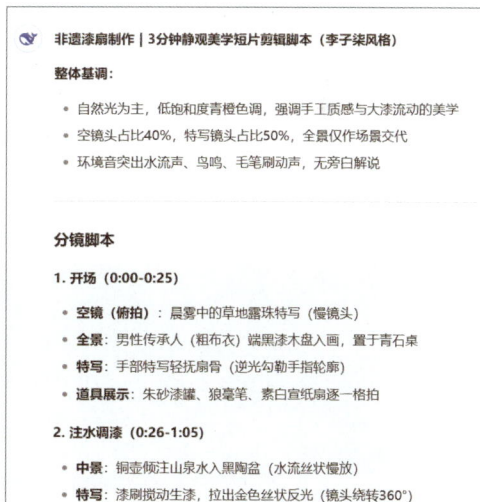

图 9-53　DeepSeek 生成的剪辑脚本

完整内容如下：

---

[1] 出镜：开封金缮修复制作非遗传承人——徐青松。

非遗漆扇制作 | 3分钟静观美学短片剪辑脚本（李子柒风格）

整体基调：

自然光为主，低饱和度青橙色调，强调手工质感与大漆流动的美学

空镜头占比40%，特写镜头占比50%，全景仅作场景交代

环境音突出水流声、鸟鸣、毛笔刷动声，无旁白解说

分镜脚本：

1. 开场（0:00—0:25）

   空镜（俯拍）：晨雾中的草地露珠特写（慢镜头）

   全景：男性传承人（粗布衣）端黑漆木盘入画，置于青石桌

   特写：手部特写轻抚扇骨（逆光勾勒手指轮廓）

   道具展示：朱砂漆罐、狼毫笔、素白宣纸扇逐格拍摄

2. 注水调漆（0:26—1:05）

   中景：铜壶倾注山泉水入黑陶盆（水流丝状慢放）

   特写：漆刷搅动生漆，拉出金色丝状反光（镜头绕转360°）

   细节：漆液滴落碗中泛起涟漪（同步水滴声效）

3. 滴漆成纹（1:06—1:45）

   俯拍：朱漆逐滴滴入水面，自然晕开成放射纹

   微距：漆膜在水面形成琥珀色透明纹理（侧逆光拍摄）

   手部特写：用竹签快速划动水面形成流云纹（速度放慢30%）

4. 染扇定型（1:46—2:30）

   过程长镜头：扇面垂直入水，缓慢平移捞起（漆膜附着瞬间）

   特写：扇缘漆色从透明渐变成赭红（延时摄影效果）

   环境互动：风吹动半干漆扇，背景芦苇丛同步摇曳

5. 晾扇收尾（2:31—3:00）

   空镜：漆扇悬于竹架，阳光透过扇面投下斑驳影子

   特写对比：干透的漆纹（粗糙质感）vs手指抚过纹路的顺滑

   结束画面：传承人走向远处的背影，桌上留成品漆扇（渐暗）

技术备注：

漆液镜头需用200fps以上升格拍摄

调色参考：

阴影加青，高光暖橙，降低绿色明度，突出漆器

转场全部采用匹配剪辑（如滴水切漆滴、扇骨切竹架）

音乐建议：

古琴泛音+轻微白噪声，2分50秒处音乐骤停，保留自然音

9.4.2 视频剪辑

步骤1 在 Premiere 中新建一个 1080p、帧速率 25 帧/秒的序列，命名为"非遗漆扇"，将素材中的视频导入序列中。

步骤 2　选择一个阳光透过树叶照射进来的视频素材，将其放在全片的开头。将"缩放"参数设置为 50，以适应序列的大小。再打开"剪辑速度／持续时间"面板，将速度调整为75%，让视频中的运动变慢一点。勾选"倒放速度"，让视频倒放，使树干运动到画面右侧的位置，方便和后一个镜头中树干的位置相互呼应（图 9-54）。

步骤 3　将主角从树干后面走出的镜头拖动到时间轴上，用远景引出主角（图 9-55）。

图 9-54　用空镜头开篇

图 9-55　主角出场

步骤 4　镜头切换到中景，主角从画面外走入，走向漆扇的工作台（图 9-56）。

步骤 5　接下来是一个承上启下的镜头，用于传达主角的情绪，为片子增加更多的主观内容。主角走到工作台的大缸前，抬头看看天空，又低头看向大缸（图 9-57）。

图 9-56　主角走向工作台

图 9-57　主角动作

技术解析

随着非遗类短视频数量的增加，单纯的技艺展示已经不能再满足观众了，需要加入大量人文类的内容，来使整部影片有情节、意境和制作人员的情绪变化。这样能够使影片更像一部微电影，让观众能够津津有味地看下去。

步骤 6　接着切换一组镜头，为接下来的"注水"步骤做铺垫。镜头依次为水缸内的特写、走向水桶的远景、水桶的特写、拿起水桶走向工作台的远景、倒水的中景。相邻的两个镜头，景别要有所不同，以使画面效果更加丰富（图9-58）。

图 9-58　一组镜头的切换

步骤 7　注水过程的展示，也可以分为注水入缸、水花特写和注水完成后把水桶放下这三个镜头（图9-59）。

图 9-59　注水的过程镜头

步骤 8　展示完制作步骤后，需要适时穿插一些表达主角情绪的镜头，使观众能将自身代入到片子中，这里插入的是主角擦了一把汗的镜头，再跟一个太阳照射树叶的镜头，以表现出主角的辛苦和天气的炎热（图9-60）。

图 9-60　插入情绪镜头

技术解析

一部优秀的影片，需要有节奏的变化，如果一个步骤接一个步骤地去展示技艺，会使观众觉得枯燥。因此，就需要在两个步骤之间，穿插一些跟主题无关的空镜头，例如阳光、树林、花草的镜头，甚至角色的动作镜头，就像是学习久了需要向窗外望一下一样，给观众休息和喘息的时间。

步骤 9　按照制作漆扇的步骤，依次将"调漆"的镜头排列在时间轴上（图9-61）。

图 9-61　"调漆"的一组镜头

步骤 10 开始剪辑制作"滴漆入水"这一步骤的视频，将调好的大漆滴入水中的视频素材拖入时间轴中，这是一个帧速率为 120 帧 / 秒的 1080p 视频，在"剪辑速度 / 持续时间"面板中将它的速度调整为 40%，让动作慢下来（图 9-62）。

步骤 11 在"染扇"的步骤后面，跟一个扇子出水的镜头，这里用到的也是一个高帧速率的视频素材，将它的速度调整为 25%，使动作放慢 4 倍，让观众可以清晰地观看到每一帧的细节（图 9-63）。

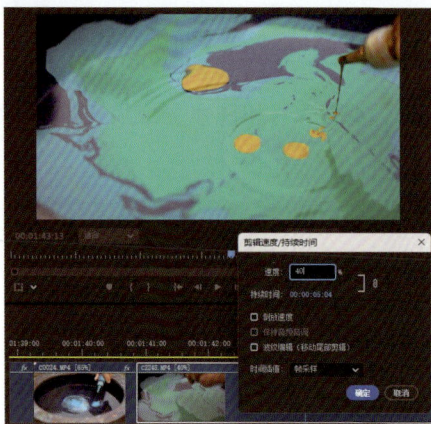

图 9-62 "滴漆入水"的镜头

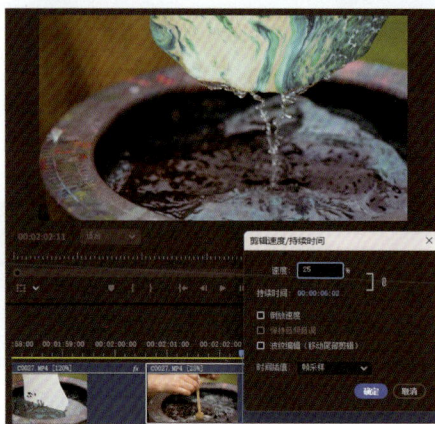

图 9-63 扇子出水的镜头

步骤 12 因为要制作好几把漆扇，所以这里可以按照滴漆入缸、水面特写、扇子出水这三个步骤，将制作其他几把漆扇的镜头剪辑进来（图 9-64、图 9-65）。

图 9-64 第二把漆扇的镜头

图 9-65 第三把漆扇的镜头

步骤 13 在"晾扇"步骤的制作中，可以展示主角将扇子挂在树上、轻抚扇子和扇子特写的镜头（图 9-66）。

图 9-66 "晾扇"步骤的剪辑

步骤 14 结尾部分，可以展示很多把扇子挂在树上随风摇曳的镜头，完成粗剪的工程文件如图 9-67 所示。

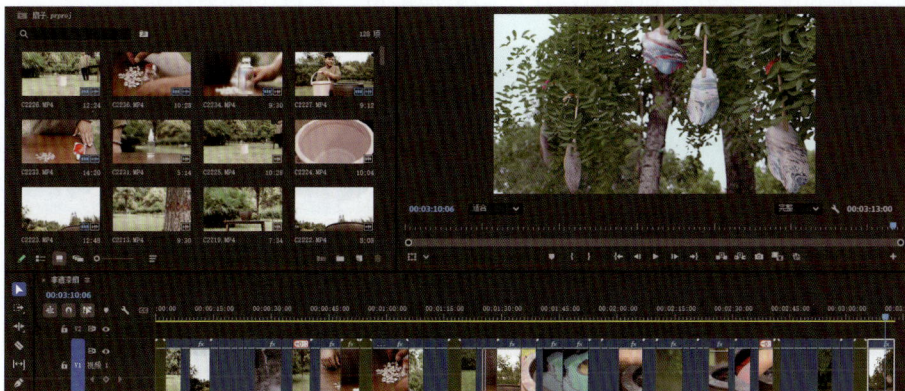

图 9-67 完成粗剪的工程文件

9.4.3 基础调色和画面稳定

在调色之前，需要先构思一下该影片的主色调。例如本案例是想展现传统手工艺的内容，那就需要突出大自然，而不需要现代和工业化的元素。这样就可以确定该片的主色调以代表生命的绿色为主，在调色时可以充分展示画面中树叶、草地的颜色。

步骤 1 在时间轴上逐一选中镜头，在"Lumetri 颜色"面板中，对它们的颜色进行调节。由于拍摄时使用的是专业摄像机，因此画面质量较高，对于一些过曝或过暗的镜头，可以通过对参数极限的调整，将亮度调整回来。例如针对大逆光导致的主体树木过暗的效果，可以将"阴影"参数拉至最高，并适当调高"曝光"参数，将树木调亮（图 9-68）。

图 9-68 调亮主体的颜色

步骤 2 在调色时，需要打开"Lumetri 范围"面板，对照着相应的示意图，对颜色进行调整（图 9-69）。

图 9-69 对照着"Lumetri 范围"面板进行调色

步骤3　每个影片中，都必须有几个特别漂亮的镜头，作为全片的点睛之笔。在这部以非遗漆扇为主题的影片中，最漂亮的镜头就是大漆漂浮在水面上的画面了。针对这种镜头，可以尝试着把"饱和度"参数拉到最高，让色彩更加丰富、醒目（图9-70）。

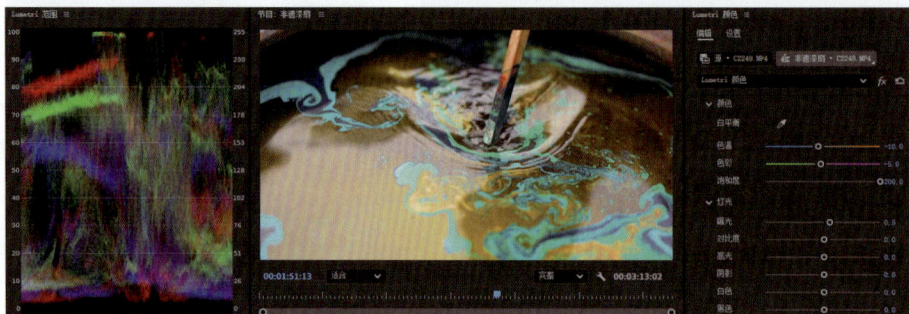

图9-70　将"饱和度"参数拉到最高

步骤4　所有镜头的调色都完成以后，可以新建一个"调整图层"，将其放在轨道的最上面。在时间轴上选中"调整图层"，点击"Lumetri 颜色"面板中"Look"右侧的下拉菜单，并点击"浏览"按钮，在弹出的"选择 Look 或 LUT"窗口中，进入素材提供的"20 款青橙色调 LUTS"文件夹，选择"LOOKED_TO_12.cube"并点击"打开"，这样就统一将所有的镜头进行了调色，使整部影片的色彩更加统一。如果感觉 LUT 的影响太大了，也可以将"强度"值调低至 50，减弱 LUT 的效果（图9-71）。

步骤5　再增加一个"调整图层"，在"Lumetri 颜色"面板中调整"晕影"的相关参数，将画面的边角调暗，为画面增加黑色的暗角效果，使观众的注意力集中到画面中心（图9-72）。

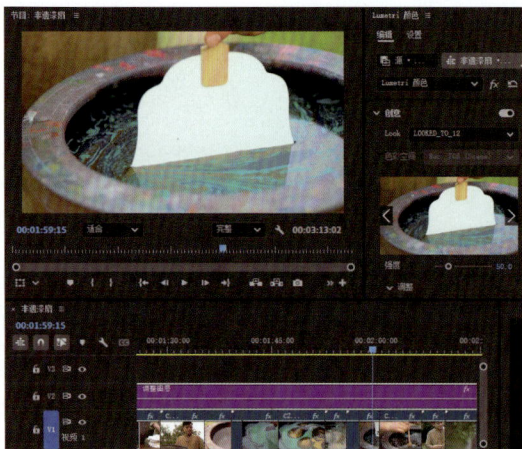

图9-71　添加调色 LUT

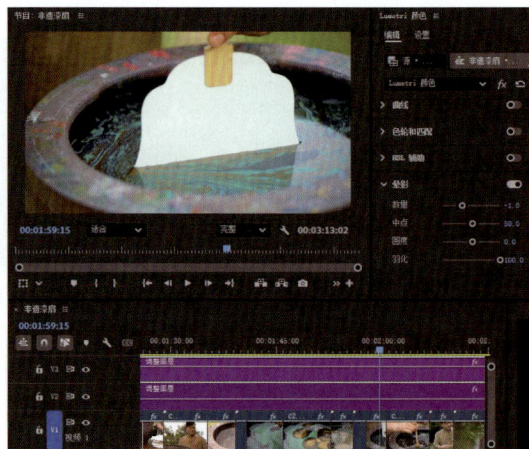

图9-72　添加暗角效果

步骤6　因为有很多镜头是手持拍摄的，画面有抖动，所以就需要对这些镜头添加"变形稳定器"特效以进行稳定。但是若一些镜头调整过"速度"，稳定时就会在画面上弹出"变形稳定器和速度不能用于同一剪辑"的警告语（图9-73）。

步骤7　在时间轴上选中该镜头，点击鼠标右键，在弹出的浮动菜单中点击"嵌套"命令，将该镜头转成一个"嵌套"，再对其添加"变形稳定器"特效，就可以进行稳定了（图9-74）。

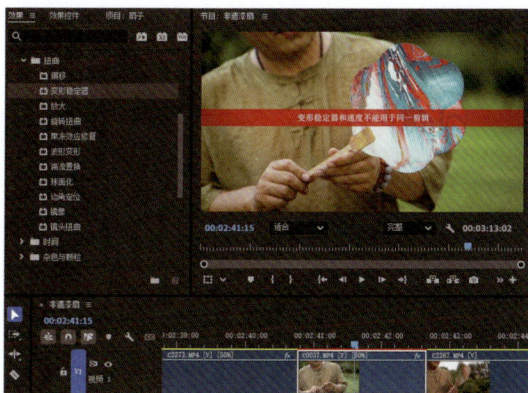

图 9-73　画面中弹出警告语

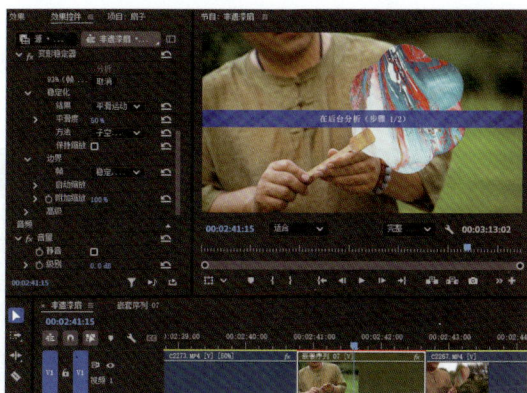

图 9-74　对嵌套进行稳定

9.4.4　添加字幕和音乐

在同一部影片中，需要根据影片的风格去选择字体，且字体应尽量保持一致。本片突出的是民族传统非遗技巧，因此字体可以选择复古一些的手写体。

步骤 1　为漆扇制作的每一个步骤添加字幕，可以使用工具栏中的"垂直文字工具"，创建竖排版的文字效果，并添加文字的背景颜色，使文字在画面中更加突出（图 9-75）。

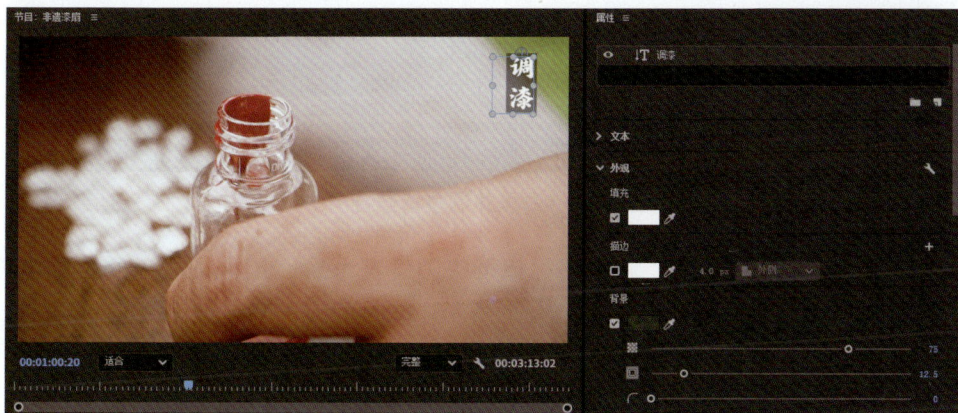

图 9-75　添加竖排版的字幕

步骤 2　在主角出场的时候，需要添加主角的身份信息，由于文字较多，可以使用横排版，并在文字下添加不同颜色的色块，以突出文字信息（图 9-76）。

图 9-76　添加主角的身份信息

步骤 3　在片尾处，可以在画面较空的一侧，添加制作单位和人员等文字信息，文字下面可以添加色块。创建完成后，为文字和色块分别添加"交叉溶解"的转场特效，使它们有逐渐显现出来的动画效果（图 9-77）。

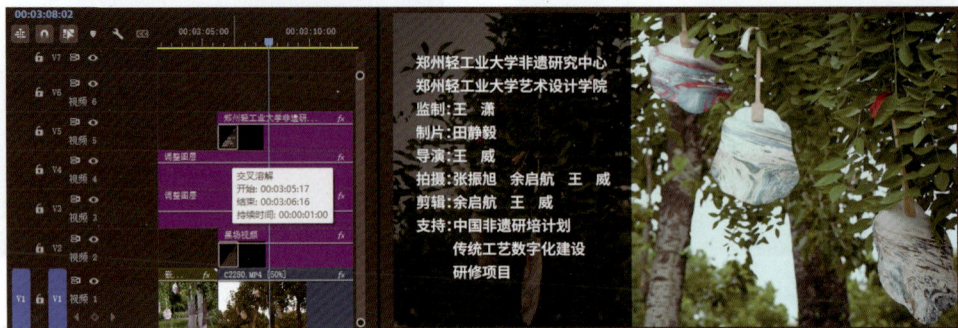

图 9-77　在片尾添加制作人员等文字信息

步骤 4　将背景音乐拖拽到时间轴上，在片尾处为背景音乐添加淡出的效果（图 9-78）。

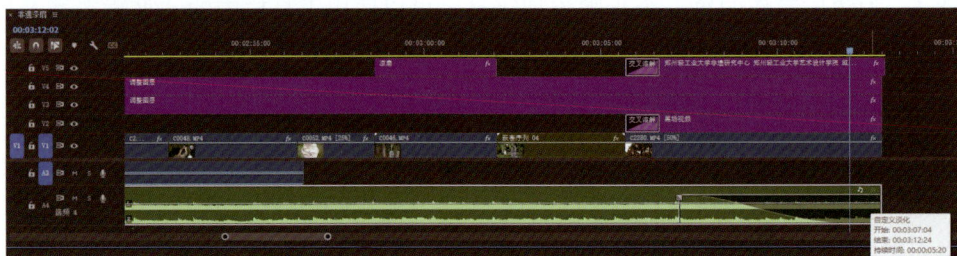

图 9-78　添加并调整背景音乐

步骤 5　进入"导出"界面，将"目标比特率"设置为 20，以保证导出的画质足够清晰，然后再按下"导出"按钮，输出成片。

最终完成的文件是素材中的"9.4-非遗漆扇.prproj"文件，有需要的读者可以自行打开观看。

本章小结

本章的主要学习任务是使用 Premiere 制作影视作品综合案例，包括影视制作领域常见的特效视频、广告片、淘宝商品展示视频等。初学者可下载案例素材、源文件进行实操练习。

在已经掌握 Premiere 剪辑制作技术的情况下，高质量完成影视作品还需要依靠剪辑师的审美能力、造型能力、节奏把握能力，甚至是制作时的时间管理等综合能力，以及与客户之间的沟通能力。这就需要多参加一些视频制作的项目实践，在不断的制作中使自己的能力得到增长。

课后拓展

1. 在网络上查找并观看一些优秀的商业影视作品，尝试着去分析和研究该影视作品的制作流程。

2. 在短视频时代，个人简历已从平面化的文档形式向立体化的视频形式转变，可以尝试使用之前所学到的所有技术，为自己设计并制作一个展示个人能力的视频简历，内容包括自己作品的展示、掌握的技术软件、个人信息等。